市政基础设施工程竣工验收及备案指南

主编 汪敏玲

中国建筑工业出版社

图书在版编目（CIP）数据

市政基础设施工程竣工验收及备案指南/汪敏玲主编.
北京：中国建筑工业出版社，2007
ISBN 978-7-112-09704-3

Ⅰ.市… Ⅱ.汪… Ⅲ.市政工程-工程验收-指南
Ⅳ.TU99-62

中国版本图书馆CIP数据核字（2007）第155556号

市政基础设施工程竣工验收及备案指南
主编 汪敏玲

*

中国建筑工业出版社出版、发行（北京西郊百万庄）
各地新华书店、建筑书店经销
霸州市顺浩图文科技发展有限公司制版
北京市兴顺印刷厂印刷

*

开本：850×1168毫米 1/32 印张：6⅝ 字数：182千字
2008年1月第一版 2008年1月第一次印刷
印数：1—4000册 定价：**18.00元**
ISBN 978-7-112-09704-3
（16368）

版权所有 翻印必究
如有印装质量问题，可寄本社退换
（邮政编码100037）

为实施新的市政工程验收及备案制度,本书按照市政工程施工的有关条例、规章和规定,把部级文件的内容做了详细分解;指出了建设工程竣工验收及备案应做哪些工作,以讲义的形式讲清了各种报告(竣工报告、质量评估报告、竣工验收报告、监督报告)、各种质量"合格文件"、各种表格应如何编写(填写),同时对工程竣工验收及备案的各项工作的程度和深度,做了比较符合实际的阐述,减轻了工程竣工验收及备案的难度,是一本简明、实用的工具书。

本书可供市政基础设施施工的工程技术人员,建设监理人员和建筑从业人员工作时参考。

* * *

责任编辑:曲汝铎
责任设计:董建平
责任校对:孟 楠 安 东

前　言

国务院《建设工程质量管理条例》发布后,建设部相继出台了《房屋建筑工程和市政基础设施工程竣工验收暂行规定》、《房屋建筑工程和市政基础设施工程竣工验收备案管理暂行办法》。经过一段时间的运行,各地建设行政主管部门及建设从业人员确实体会到新的"工程验收及备案制度"是符合建筑业的发展要求,也是中国进入WTO的需要。新的"工程验收及备案制度"分清了各方责任,明确了责任主体。

以前工程竣工验收执行的是"质量监督机构核验工程质量等级制",各地建设行政主管部门及从业人员对新"制度"有一个逐渐理解掌握的过程,建设部去年考查了各地实施新"制度"实施情况,发现建筑从业人员对新的"制度"的基本思路领会不深,实际操作过程经常出现不知所措的现象。现在编写的《市政基础设施工程竣工验收及备案指南》,是为了解决上述问题,以便对推行新的"制度"起到推动作用。

在充分理解《房屋建筑工程和市政基础设施工程竣工验收暂行规定》、《房屋建筑工程和市政基础设施工程竣工验收备案管理暂行办法》,《指南》写清了建设工程竣工验收及备案应做哪些工作,把部级文件的内容做了详细分解。按照《建设工程竣工验收及备案》实际操作顺序,以讲义的形式讲清了各种报告(竣工报告、质量评估报告、竣工验收报告、监督报告)、各种质量"合格文件"、各种表格应如何编写(填写),同时《指南》对工程竣工验收及备案的各项工作做到什么程度也阐述得比较科学、比较符合实际,减轻了工程竣工验收及备案的难度。建筑从业人员的实际工作能力参差不齐,"工程举例"起到了很好的辅导作用。

《指南》的内容符合《房屋建筑工程和市政基础设施工程竣工验收暂行规定》《房屋建筑工程和市政基础设施工程竣工验收备案管理暂行办法》文件的要求。《指南》文辞严谨，内容翔实，编排合理，查阅方便。《指南》草稿在当地试用期间，得到了建设从业人员及相关单位的好评。

《指南》在工程举例后面将"建设工程质量管理条例释义"及相关法律法规文件目录附在书后，便于大家查找使用。

新的《建设工程竣工验收及备案》制度，各地都在摸索阶段。《指南》一书，可作为建设工程竣工验收及备案工作的参考，诚恳希望各地、各部门的同仁们提出宝贵的意见，以便不断充实《指南》的内容，使之日臻完善。

编者名单：
汪敏玲　霍永卫　陈　东　柴进福　闫丽娜　汪小强

目　　录

第一章　工程竣工验收及备案的基本思路 …… 1
　1.1　工程竣工验收及备案的组织实施和监督 …… 1
　1.2　竣工验收及备案的实施步骤 …… 1
　1.3　工程竣工验收及备案实施步骤框图 …… 1

第二章　工程竣工验收前的准备工作 …… 4
　2.1　施工单位的准备工作 …… 4
　　2.1.1　施工单位填写竣工报告 …… 6
　　2.1.2　工程质量保修书的编制方法 …… 11
　　2.1.3　准备完整的技术档案和施工管理资料 …… 12
　　2.1.4　工程整改文件 …… 15
　　2.1.5　工程款的拨付证明文件 …… 16
　2.2　工程监理公司验收前的准备工作 …… 16
　　2.2.1　准备完整的监理资料 …… 16
　　2.2.2　编写工程质量评估报告 …… 17
　2.3　建设单位工程竣工验收前的准备工作 …… 19
　　2.3.1　组成验收委员会并确定专项验收组成员 …… 19
　　2.3.2　工程竣工验收方案 …… 20
　　2.3.3　建设单位验收资料 …… 21
　2.4　专业和行政管理部门验收认可文件或准许使用文件的编写方法 …… 22
　　2.4.1　地质勘察单位工程质量检查报告的编写方法 …… 22
　　2.4.2　设计单位工程质量检查报告的编写方法 …… 23
　　2.4.3　施工图审查机构工程质量检查报告的编写方法 …… 24
　　2.4.4　建设工程规划验收合格证的编写方法 …… 26
　　2.4.5　建设工程消防验收意见书的编写方法 …… 26

  2.4.6 环保验收合格证的编写方法 ·················· 27
  2.4.7 建设工程档案专项验收认可书的编写方法 ·········· 28

第三章 工程竣工验收 ······························· 33
 3.1 工程竣工验收的会议议程和内容 ················· 33
 3.2 建设、勘察、设计、施工、监理单位在验收会议上
   "汇报材料"的内容 ······················· 34
  3.2.1 建设单位的"汇报材料"的主要内容 ············ 34
  3.2.2 地质勘察单位"汇报材料"的主要内容 ··········· 35
  3.2.3 设计单位"汇报材料"的主要内容 ············· 36
  3.2.4 施工单位的"汇报材料"的主要内容 ············ 36
  3.2.5 监理单位的"汇报材料"的主要内容 ············ 37

第四章 工程竣工验收备案 ··························· 38
 4.1 建设单位应向备案机关上报的资料 ················ 38
  4.1.1 竣工验收报告的编写方法 ················· 39
  4.1.2 建设工程竣工验收备案表 ················· 47
  4.1.3 工程质量监督报告的编写方法 ··············· 49
 4.2 建设工程竣工验收备案证明书 ··················· 51

第五章 工程竣工验收备案举例 ························ 52
 5.1 竣工报告 ···························· 53
 5.2 工程质量保修书 ························ 58
 5.3 监理单位工程质量评估报告 ··················· 61
 5.4 设计单位工程质量检查报告 ··················· 65
 5.5 施工图审查机构工程质量检查报告 ················ 66
 5.6 建设工程规划验收合格证 ···················· 67
 5.7 建设工程档案专项验收申请表 ·················· 69
 5.8 建设工程档案专项验收意见书 ·················· 73
 5.9 建设工程档案专项验收认可书 ·················· 74
 5.10 建设工程竣工验收监督通知书 ················· 75
 5.11 建设工程竣工验收报告 ···················· 77

5.12 建设工程质量监督报告 ………………………………… 84
5.13 建设工程竣工验收备案表 ………………………………… 87
5.14 建设工程竣工验收备案证明书 …………………………… 88

《建设工程质量管理条例》释义 ……………………………… 89

相关法律法规文件目录 ………………………………………… 201

参考资料 ……………………………………………………… 202

第一章 工程竣工验收及备案的基本思路

1.1 工程竣工验收及备案的组织实施和监督

依据建设部《房屋建筑工程和市政基础设施工程竣工验收暂行规定》、《房屋建筑工程和市政基础设施工程竣工验收备案管理暂行办法》的规定，工程竣工验收应由建设单位负责并组织实施，由县级以上地方人民政府建设行政主管部门委托的工程质量监督机构实施监督。

1.2 竣工验收及备案的实施步骤

工程竣工验收及备案分三步进行：
竣工验收前的准备→竣工验收→竣工验收备案。

1.3 工程竣工验收及备案实施步骤框图

市政基础设施工程竣工验收及备案实施步骤框图

代号	代表内容
01	竣工报告
02	竣工验收报告
03	监理评估报告
04	合格文件(勘察、设计、施工图审查机构)
05	认可、准许文件(规划、消防、环保、档案)
06	工程质量保修书
07	各地建设主管部门的规定
08	有关责令整改文件
09	拨款证明
10	施工保证资料、管理资料
11	工程监理资料
12	验收监督通知书
13	竣工验收备案表
14	监督报告
A	验收委员会主任宣布开会
B	建设、勘察、设计、施工、监理"执法"汇报
C	审阅勘察、设计、施工图审查单位、施工、监理合格文件
D	审阅认可、准许文件(规划、公安消防、环保、档案)
E	审查施工保证资料、管理资料
F	实施查验工程质量
G	验收组发言
H	验收委员会宣布验收结论
I	监督机构意见
J	验收委员签署验收结论意见
K	整理会议纪要
L	闭会

竣工验收前的准备工作：

施工单位：01、06、08、09、10

监理单位：03、11

建设单位：01、03、04、05、06、07、09、10、11、12

1 准备工作

第一章 工程竣工验收及备案的基本思路　3

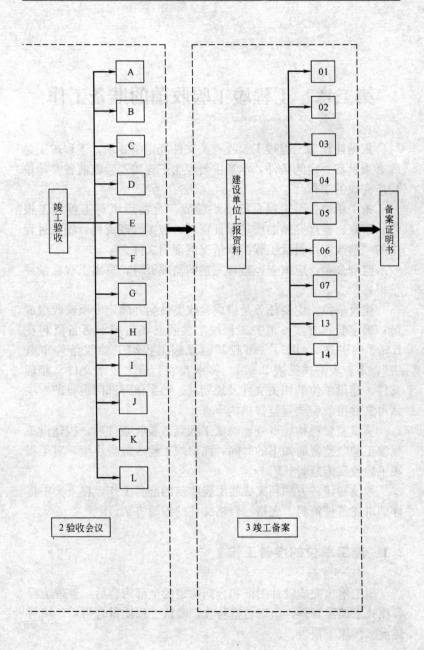

第二章 工程竣工验收前的准备工作

根据建设部工程竣工验收有关文件规定的要求，工程竣工验收必须具备一定的条件，本章主要说明工程竣工验收前各参建单位应完成的工作。

施工单位：对工程自行组织验收，合格后填写工程竣工报告。审查、整理完整的质量保证资料、施工管理资料、施工过程中的"整改"资料及工程拨款情况的证明文件。

监理公司：应审查、整理完整的监理资料，写出工程质量评估报告。

建设单位：主要任务是组成验收委员会并确定专项验收组成员；确定验收方案，汇齐工程竣工验收必备资料（必备资料在2.3.3中讲述），填写"市政基础设施工程竣工验收条件审查表"，审查表格式见表2.0.1。将审查表、施工技术文件、监理文件、建设单位的相关文件及规划局、档案馆等部门出具的专项认可文件报政府质量监督机构审查。

质量监督机构经审查，确认工程具备验收条件后，按建设工程竣工验收监督通知书的时间，派出竣工验收监督小组，对工程竣工验收实施监督。

为使参建各方顺利完成竣工验收前的准备工作，在下文中将详细讲述各种资料、表格、合格文件的编写方法。

2.1 施工单位的准备工作

施工单位完成设计图纸和合同约定的全部内容后，整理工程各项技术档案资料，组织自检验收，确认工程质量合格后，填写建设工程竣工报告。

市政基础设施工程竣工验收条件审查表   表2.0.1

工程项目名称		工程造价(万元)	
建设单位		计划开竣工日期	

工 程 竣 工 验 收 条 件 自 查 情 况			
验 收 条 件	自查意见	验 收 条 件	自查意见
1. 完成施工图和施工合同全部内容,达到竣工标准		6. 施工单位已签署质量保修书	
2. 施工单位已签署施工质量合格证明		7. 规划行政主管部门已出具认可文件	
3. 勘察、设计单位已签署勘察、设计工作质量合格证明		8. 公安消防、环保等部门已出具认可文件或准许使用文件	
4. 监理单位已签署工程质量合格证明		9. 质量问题已全部整改完毕	
5. 工程竣工档案资料完整,已分类成册			

验收委员会	主任		副主任			
	成员					
参加验收人员	验收小组			姓名	单 位	本单位职务
		实测实量组	组长			
			成员			
		外观检查组	组长			
			成员			
		资料核查组	组长			
			成员			

拟定验收日期	年 月 日 午 时	拟定集合地点	
建设单位签章	项目负责人:		(单位公章) 年 月 日

2.1.1 施工单位填写竣工报告

1. 竣工报告定义

竣工报告是施工企业完成甲、乙双方合同约定的全部内容后，对竣工工程项目施工全过程的总结和成果评价，是施工单位报请建设单位组织竣工验收的书面文件，是施工单位对工程项目质量综合评价的质量合格文件。

2. 竣工报告的主要内容及填写方法

1) 竣工报告的主要内容

（1）工程概况；
（2）按设计施工图项目完成情况；
（3）完成合同约定情况；
（4）施工技术档案情况；
（5）安全质量检测和功能性试验资料情况；
（6）工程质量保修书；
（7）工程质量评定结果；
（8）施工单位、监理单位综合评定意见。

市政基础设施工程竣工报告的表格形式，见表 2.1.1-1 和表 2.1.1-2。

竣工项目核查

表 2.1.1-1

工程项目名称		工程地址	
工程类别		工程规模	
建设单位		总 造 价	万元
地质勘察单位		施工许可证号	
设计单位			
监理单位		开工日期	年 月 日
施工单位		竣工日期	年 月 日
单位工程名称	结构类型	工 程 量	

续表

检查项目及内容	检查情况
一、按设计图已完成项目情况 1. 市政道路机动车道、非机动车道、人行道工程 2. 桥梁地基基础、墩台、梁板主体、桥面铺装工程 3. 路灯工程 4. 给水管道工程 5. 雨水管道工程 6. 污水管道工程 7. 燃气管道工程 8. 热力管道工程 9. 给排水构筑物地基础、主体、装饰工程 10. 垃圾处置工程 11. 绿化工程 12. 其他工程	
二、完成合同约定情况 1. 总承包合同约定 2. 分包合同约定 3. 专业承包合同约定	
三、施工技术档案情况 1. 质量保证资料 2. 施工管理资料	
四、安全质量检测和功能性试验资料情况 1. 道路、给排水管网 2. 路灯 3. 桥梁 4. 热力、燃气管网 5. 给排水构筑物 6. 绿化 7. 垃圾处置 8. 设备安装	
五、工程质量保修书 1. 总承包单位 2. 专业承包单位	

工程质量验收表

表 2.1.1-2

单位工程名称	评定等级	共__分部(分项) / 经查符合要求__分部(分项)	质量保证资料核查结果	工程安全和功能性试验资料 共查__项 / 经检查符合要求__项	观感质量评价
道路工程			—	—	
桥梁工程			—	—	
路灯工程			—	—	
给水管道工程			—	—	
雨水管道工程			—	—	
污水管渠工程			—	—	
燃气管道工程			—	—	
热力管道工程			—	—	
给排水构筑物工程			—	—	
垃圾处置工程			—	—	
绿化工程			—	—	
			—		
质 量 验 收 结 论					

施工单位验收结论：

项目经理(签字)：
技术负责人(签字)：
法定代表人(签字)：（公章）

年 月 日

监理单位质量评价：

总监理工程师(签字)：
法定代表人(签字)：(公章)

年 月 日

2) 竣工报告的填写方法及要求

(1) 表头部分

① 建设、勘察、设计、施工、监理等单位的名称一律填写全称，与公章相符；工程项目名称填写简称，如建设路三水一路工程；单位工程名称填写全称，与图纸相符，如建设路道路工程。

② 工程地址：工程坐落在临近东西道和南北路口的距离，填距最近的道路名称和距离，道路是指主要干道；或工程所在地的两条道路之间的区域。

③ 工程规模：指污水处理厂处理污水能力（如 15 万 t/d）、排水管道的排水能力（如 $15m^3/h$）等。

④ 结构类型见表 2.1.1-3。

市政工程结构类型　　　　　　表 2.1.1-3

工程专业	结 构 类 型
1. 市政道路	沥青混凝土、水泥混凝土、连锁块、便道砖
2. 市政桥梁	简支梁、连续梁、板、地道桥、钢管桥
3. 市政排水管渠	钢筋混凝土管 ϕ、素混凝土管 ϕ、预应力混凝土管 ϕ、塑料管 ϕ 砖砌方沟 $B \times H=$　　混凝土方沟 $B \times H$
4. 城市给水管网	铸铁管 DN、球墨铸铁管 DN、钢管 DN、玻璃钢管 DN、PE 塑料管 de
5. 城市燃气管网	钢管 DN、铸铁管 DN、塑料管 de
6. 城市热力管网	地沟 $B \times H$、架空钢管 DN；直埋保温钢管 DN
7. 给排水构筑物	钢筋混凝土、预应力混凝土、砖砌体、石砌体
8. 城市路灯	钢杆 H、钢筋混凝土杆 H
9. 垃圾处置	符合防渗垃圾填埋
10. 绿化工程	草坪、植树

⑤ 工程量：给排水构筑物、绿化工程指实际竣工面积；道路工程指实际长度×红线宽度；管网工程指实际长度；桥梁工程指实际长度×实际宽度。

⑥ 总造价：预算总价或中标价。

⑦ 开工日期：实际破土建设日期。

⑧ 竣工日期：施工单位自检验收，工程质量达到合格的日期。

⑨ 施工许可证号：按施工许可证上的编号填写。

⑩ 工程类别：按工程专业和工程规模进行划分，如市政道路二类。市政基础设施工程之工程类别见表 2.1.1-4。

市政基础设施工程 工程类别划分表　　表 2.1.1-4

工程类别	一 等	二 等	三 等
城市道路工程	各类市政公用工程（地铁、轻轨单独批）	各类城市道路； 单孔跨径 20～40m 桥梁； 500～3000 万元的隧道工程	城市道路(不含快速路) 单孔跨径 20m 以下的桥梁 500 万元以下的隧道工程
给水排水工程		2～10 万 t/d 的给水厂； 1～5 万 t/d 污水处理工程； 0.5～3m³/s 的给水、污水泵站； 1～5m³/s 以下的雨泵站； 各类给排水管道工程	2 万 t/d 以下的给水厂 1 万 t/d 下污水处理工程 0.5m³/s 的给水、污水泵站 1m³/s 以下的雨泵站 直径 1m 以下的给水管道 直径 1.5m 以下的污水管道
热力及燃气工程		总储存容积 500～1000m³ 液化气贮罐场(站)； 供气规模 5～15 万 m³/d 以下的燃气工程； 中压以下的燃气管道、调压站； 供热面积 50～150 万 m² 的热力工程	总储存容积 500m³ 以下液化气贮罐场(站)； 供气规模 5 万 m³/d 以下的燃气工程； 0.2MPa 以下的中压、低压管道、调压站； 供热面积 50 万 m² 以下的热力工程
垃圾处理		各类城市生活垃圾工程	生活垃圾转运站

（2）按设计图已完成项目情况

按单位（或分部）工程名称说明完成情况，未完成的内容简要说明未完成的原因。

（3）完成合同约定情况

说明合同约定的实际完成情况，有无分包和专业承包，若有应说明分包和专业承包合同完成情况。

（4）施工技术档案情况

质量保证资料、施工管理资料应有多少项，实际有多少项，符合要求多少项。

(5) 安全检测和功能性试验资料情况

应分述：安全检测、功能性试验（调试）报告是否齐全，结果是否合格。

(6) 工程质量保修书（保修书的编制方法见 2.1.2）

应写明工程质量保修书是否符合要求。若有专业承包，需说明专业承包内容是否有符合要求的质量保修书。

(7) 单位工程质量验收表。

① 共多少分部，合格多少分部。依据质量保证资料核查情况填写；安全检测资料和功能性试验资料应有多少项，符合要求多少项；观感质量评价填写"好"、"一般"、"差"。

② 施工单位验收结论

不能只写工程质量合格。应写明各单位工程及其主要分部（分项）工程的质量合格情况、质量保证资料的核查结果、功能性试验抽查结果、观感质量评价结果。

③ 监理单位质量评价意见

应写明各单位工程质量评价结果，是否同意建设单位组织工程竣工验收。

(8) 竣工报告须经施工企业和监理公司的技术负责人和法定代表人签字，并加盖公章。

2.1.2 工程质量保修书的编制方法

1. 工程质量保修书定义

工程质量保修书，是为了保护建设单位、施工单位、市政基础设施管理单位的合法权益，根据《中华人民共和国建筑法》、《建设工程质量管理条例》及其他有关法律、法规的规定，签定的具有法律效力的保修合同。

2. 保修书应包括的主要内容

1) 工程质量保修范围、保修期限；

2) 明确甲、乙双方质量保修责任；

3) 保修费用及支付方法;
4) 双方约定的其他工程质量保修事项;
5) 建设单位和施工单位法定代表人签字、盖章。

工程质量保修书的具体写法,可参考第五章"工程竣工验收备案举例"。

2.1.3 准备完整的技术档案和施工管理资料

质量保证资料、施工管理资料应分别按表 2.1.3-1、表 2.1.3-2 整理。

市政基础设施工程质量保证资料核查表

表 2.1.3-1

工程名称:

序号	项目名称		应有份数	实际份数	核查情况
1.	原材料、半成品、成品及设备、附件等出厂质量证明书和试验报告	1. 砖出厂合格证或试验报告			
		2. 沥青出厂合格证及试验报告			
		3. 水泥出厂合格证及试验报告			
		4. 砂子试验报告			
		5. 石子试验报告			
		6. 石灰试验报告			
		7. 石灰类混合料中石灰剂量试验报告			
		8. 水泥类混合料中水泥剂量试验报告			
		9. 防水材料合格证及试验报告			
		10. 其他材料试验报告			
		11. 钢材出厂合格证及试验报告			
		12. 钢管出厂合格证及试验报告			
		13. 钢筋出厂合格证及试验报告			
		14. 保温材料合格证及试验报告			
		15. 保温管出厂合格证及试验报告			
		16. 补偿器出厂合格证			

续表

序号	项目名称		应有份数	实际份数	核查情况
1.	原材料、半成品、成品及设备、附件等出厂质量证明书和试验报告	17. 焊接材料合格证及试验报告			
		18. 设备出厂合格证			
		19. 附件出厂合格证			
		20. 阀门出厂合格证			
		21. 钢管及钢制件防腐出厂合格证			
		22. 爬梯、井圈、井盖合格证			
		23. 商品混凝土出厂合格证			
		24. 设备、配件(附件)检验记录			
		25. 设备试验记录			
		26. 阀门试验记录			
		27. 管件加工记录			
2.	施工试验报告	1. 道路基层配合比通知单			
		2. 沥青混合料配合比通知单			
		3. 混凝土配合比通知单			
		4. 砂浆配合比通知单			
		5. 沥青混合料试验报告			
		6. 混凝土试验报告			
		7. 砂浆试验报告			
		8. 钢材焊接试验报告			
		9. 钢筋焊接(班前焊、班中焊)试验报告			
		10. 混凝土(砂浆)试块试压报告汇总表			
		11. 混凝土试块强度统计评定记录			
		12 砂浆强度统计评定记录			
3.	焊缝质量报告	焊缝质量综合评级报告			
		无损探伤报告及扩探报告			
		焊后热处理记录			
4.	测量复核记录				

续表

序号	项目名称		应有份数	实际份数	核查情况
5.	使用功能试验记录	强度及严密性试验记录(煤气、热力、给水)			
		管网吹扫(冲洗)记录			
		污水管道严密性试验记录			
		水池满水试验记录			
		消化池气密性试验记录			
		桥梁承载力试验记录			
		道路弯沉试验记录			
		路灯照度试验记录			
		储气柜升降试验及快升快降试验记录			
		设备安装、调试记录			
6.	压实度试验记录	标准击实试验报告			
		现场压实试验汇总表			
		现场压实试验记录			
7.	重要分项施工及检验记录	沟槽(基槽)检验记录			
		混凝土浇筑记录			
		构件吊装记录			
		焊材烘干记录			
		焊材发放与回收记录			
		补偿器预拉伸记录			
		管道安装组对检验记录			
		焊缝外观检查记录			
		现场防腐施工检验记录			
		设备(附件)安装质量检查记录			
8.	检验批、分项、分部、单位工程质量验收记录				
9.	隐蔽工程验收记录				
10.	设计变更文件	设计变更通知书			
		工程洽商记录			
11.	竣工图				
检查结果	核查人(签字):	施工单位(章) 负责人(签字): 年 月 日			

市政基础设施工程施工管理资料核查表

表 2.1.3-2

工程名称：

序号	资料名称		份数	页数	核查情况
1.	图纸会审记录				
2.	开工报告书及开工报告附表				
3.	施工组织设计（或施工方案，包括管网吹扫、试压方案）及审批表				
4.	技术交底记录				
5.	焊接指导文件	焊接指令卡			
		通用焊接工艺卡			
		焊缝返修通知单			
		焊缝返修工艺卡			
6.	施工日志				
7.	监理单位质量认可文件	分项分部工程报验单			
		分项分部工程质量认可通知书			
8.	质量问题整改通知单及整改报告				
9.	工程地质报告				
10.	声像文件	工程照片			
		录音带			
		录像带			
检查结果	检查人（签字）： 施工单位（章） 负责人（签字）： 年 月 日				

2.1.4 工程整改文件

准备完整的建设行政主管部门及其委托的质量监督机构等有关部门责令整改问题的全部文件，并汇齐能证明已按有关部门要求整改完毕的具有法律效力的技术文件（属于施工管理资料）。

2.1.5 工程款的拨付证明文件

实事求是地写出建设单位是否已按合同的约定支付了工程款。此证明必须得到建设、监理单位的法人代表确认,书写方法应根据工程的具体情况而定。工程款的拨付证明文件格式见表 2.1.5。

工程款的拨付证明文件	表 2.1.5
单位工程名称	
建设单位名称	
施工单位名称	
第三方证明单位名称	
工程承包合同总造价	
增加工作量造价	
已支付工程款	
按合同约定应支付工程款	
剩余未支付工程款	
剩余工程款支付时间及方式	
建设单位意见: 法人代表:_____ 年 月 日 公章	
施工单位意见: 法人代表:_____ 年 月 日 公章	
第三方证明单位意见: 法人代表:_____ 年 月 日 公章	

施工单位完成 2.1.1~2.1.5 内容后,将文字材料一并报建设单位申请竣工验收。

2.2 工程监理公司验收前的准备工作

2.2.1 准备完整的监理资料

监理资料应按表 2.2.1 整理。

监理资料核查表

表 2.2.1

工程名称：

序号	资料名称	份数	页数	核查情况
1.	工程项目建设监理许可证或备案表			
2.	委托监理合同、监理中标通知书			
3.	分包单位资格报审表			
4.	监理例会会议纪要			
5.	质量缺陷与质量事故的处理文件			
6.	监理单位对工程材料的见证检验资料			
7.	施工阶段质量评估报告等专题报告			
8.	工程材料/构配件/设备报审表(A-9)(在每个报审表后排列见证取样资料)			
9.	单项(或单位)工程质量评估报告			
10.	测量复验资料、平行检验记录、现场抽检查记录			
11.	监理通知单及回复单			
12.	施工阶段监理规划、监理实施细则、旁站监理计划			
13.	实施阶段监理工作总结(含阶段性总结及工程竣工后的总结)			
14.	监理日志、旁站监理记录			
15.	工程质量事故报告单(A-14)及工程质量事故处理方案报审表(A-15)			
16.	工程竣工预验报验单(A-10)			
检查结果	检查人(签字)：项目负责人(签字)：		监理单位(章) 年 月 日	

2.2.2 编写工程质量评估报告

1. 工程质量评估报告定义

质量评估报告是监理公司对施工全过程质量分析、评价的综合结论意见书,是监理单位对工程质量评价的合格文件。

2. 工程质量评估报告的主要内容和编写方法及要求

1) 评估报告的主要内容

(1) 工程概况;

(2) 在工程建设各环节中执行法律、法规及强制性标准情况;

(3) 实体质量评价;

(4) 观感质量和使用功能质量评价;

(5) 工程质量缺陷及重大质量事故的处理情况;

(6) 质量保证资料核查情况;

(7) 质量评价结论性意见;

(8) 存在问题及处理意见。

2) 评估报告编写方法及要求

(1) 工程概况:写明工程项目名称、建设单位、设计单位、施工单位、监理单位、工程地址、建设工期、工程量、结构类型、工程投资等。

(2) 明确在工程建设各环节中执行法律、法规及强制性标准的情况。

(3) 实体质量评价:

① 工程材料、构配件、设备的检验、试验(调试)及进场验收、使用情况,以及见证取样试验的执行情况;

② 工程实体检验、抽测情况;

③ 主要分部(分项)工程质量的结论性意见。

(4) 观感质量和使用功能的质量评价:

① 观感质量:外观、形状等是否达到设计要求和施工质量验收规范的规定;

② 是否满足使用功能的要求。

(5) 工程质量缺陷及重大质量事故的处理情况。

(6) 质量保证资料核查情况

应说明工程质量保证资料、安全质量检测及功能性试验抽查记录情况。

(7) 质量评价结论性意见：

质量评价结论性意见，应写明工程建设各环节中，执行法律、法规及强制性标准的情况；各分部（分项）工程质量是否达到了设计要求；使用功能是否达到设计要求；安全质量检测和功能性试验资料是否符合要求，及质量保证资料核查情况；给出工程质量评价结果，是否同意竣工验收。

(8) 存在问题及处理意见

实事求是地提出问题，并明确处理意见。

2.3 建设单位工程竣工验收前的准备工作

建设单位收到施工单位提交的工程竣工报告后，应完成下列准备工作：

1. 通知勘察、设计、施工图审查机构、监理、规划、公安消防、环保、档案等部门对工程竣工项目进行检查，写出各自的专项检查合格文件或准许使用文件；

2. 组成验收委员会并确定专项验收组成员；

3. 确定竣工验收方案；

4. 按竣工验收要求汇齐各种资料，初步拟定验收时间，填写竣工验收条件审查表、竣工验收监督通知书，报质量监督机构审查。

2.3.1 组成验收委员会并确定专项验收组成员

1. 验收委员会成员由建设、勘察、设计、施工、监理、施工图审查机构等单位的法人代表或其委托人担任（法人代表的委托人应有法人代表的书面委托书）。

(1) 验收委员会主任：由建设单位法人代表或其委托人担任（法人代表的委托人应有法人代表的书面委托书）。

(2) 验收委员会副主任：由主任任命。

2. 专项验收组一般分为外观检查组、实测实量组、资料检查组，工程规模较大时，可按专业工程细分为若干个检查组。

(1) 各专项验收组组长：由主任任命，应具有工程师以上的职称；

(2) 组员：应具有助理工程师以上职称，每组不少于三人；

(3) 参加竣工验收的人员，在相应的验收委员会或验收组中，具有平等的表决权。

2.3.2 工程竣工验收方案

工程竣工验收按以下程序进行：

1. 建设、勘察、设计、施工、监理单位分别汇报工程合同履约情况，以及在工程建设各个环节中执行法律、法规和工程建设强制性标准的情况；

2. 审阅勘察、设计、施工图审查机构、施工、监理单位的质量评价文件；

3. 审阅规划、公安消防、环保等部门的质量认可文件或准许使用文件，档案部门的建设工程档案专项验收意见书；

4. 资料验收组核查质量保证资料和施工管理资料；

5. 实测实量组、外观检查组实地查验工程质量；

6. 复会。各专项验收组总结发言，评价工程质量并提出工程存在问题，建设单位做好记录；

7. 验收委员会商定验收结论。当参加验收各方对工程质量验收意见一致时，形成经验收委员会成员签署的竣工验收结论意见。当参加验收各方对工程质量验收意见不一致时，可请当地建设行政主管部门或质量监督机构协调处理，也可向参建各方都认可的工程质量咨询机构咨询。

8. 政府质量监督机构对竣工验收进行评价。

9. 若工程合格，验收顺利通过，建设单位整理竣工验收报告，各方代表在竣工验收报告上签字。若存在质量问题需限期处理，或工程验收结论存在分歧意见，应形成会议纪要，作为下次验收或签署竣工验收报告的依据之一。

2.3.3 建设单位验收资料

1. 建设工程竣工验收监督通知书

在拟定竣工验收时间的前7天，建设单位应将"工程竣工验收通知书"和"竣工验收条件审查表"报送当地质量监督机构审查。工程竣工验收通知书为：

建设工程竣工验收监督通知书

_____工程质量监督站：

我单位建设的_____工程已具备竣工验收条件，拟定于___年_月_日_午_时组织竣工验收。请你单位派员对验收工作进行监督。

验收机构组成如下：

主任		副主任	
成员			
各验收组		组长	组员
实测实量组			
观感检查组			
资料核查组			

验收人员资格证明材料附后

建设单位：（章）　　　　　　　　签收人：（章）
　　　　年　月　日　　　　　　　　　年　月　日

2. 施工、监理单位的技术资料

即按表2.1.3-1、表2.1.3-2整理的施工质量保证资料和施工管理资料，按表2.2.1整理的监理资料。

3. 质量合格文件

施工单位的竣工报告，勘察、设计、施工图审查机构的质量检查报告；监理公司的质量评估报告。

4. 工程款的拨付证明文件

5. 工程质量保修书

6. 行政管理部门的验收认可文件

规划、公安消防、环保等行政管理部门的验收认可文件或准许使用文件，档案管理部门的档案专项验收意见书。

7. 当地建设行政主管部门要求的其他文件

建设单位汇齐上述材料后，在工程竣工验收7个工作日前，上报质量监督机构。质量监督机构经审查，确认工程具备验收条件后，按建设工程竣工验收监督通知书的时间，派出竣工验收监督小组，对工程竣工验收实施监督。

经审查不具备验收条件的，一般在收到竣工验收监督通知书的5天内通知建设单位，说明不具备验收条件的具体事项。

2.4 专业和行政管理部门验收认可文件或准许使用文件的编写方法

2.4.1 地质勘察单位工程质量检查报告的编写方法

1. 地质勘察单位工程质量检查报告定义

地质勘察单位工程质量检查报告是地质勘察单位收到建设单位的工程竣工验收通知后，依据建设工程地质勘察的法律、法规、建设工程强制性标准，对工程项目进行质量验收的书面意见书。

2. 地质勘察单位工程质量检查报告的主要内容

1) 工程概况

写明建设单位、地质勘察单位、工程项目名称、单位工程名称、工程地址、基础结构类型、地基承载力标准值。

2) 验收意见

(1) 基槽岩土与《岩土工程勘察报告》的相符情况；

(2) 对验槽采用的手段及有关数据进行评价；

(3) 对其他地基的有关检测数据进行评价;

(4) 地基持力层选择与《岩土工程勘察报告》是否相符;

(5) 是否认可地质勘察单位签署的与地质勘察有关的工程建设全部过程文件。

3) 存在问题及处理意见:

应提出存在的具体问题,并明确处理意见。

4) 地质勘察单位工程质量检查报告格式:

地质勘察单位工程质量检查报告

工程项目名称		工程地址	
建 设 单 位			
地质勘察单位			
单位工程名称	基础结构类型		地基承载力标准值

项目负责人(签字):　　　　　　　　　　地质勘察单位(章):

技术负责人(签字):　　　　　　　　　　法定代表人(签字):
　　　　　　　　　　　　　　　　　　　　　　年　月　日

2.4.2 设计单位工程质量检查报告的编写方法

1. 设计单位工程质量检查报告定义

设计单位工程质量检查报告是设计单位收到建设单位的工程竣工验收通知后,按照建设工程的法律、法规、建设工程强制性标准,对设计文件进行质量验收的书面意见书。

2. 设计单位工程质量检查报告的主要内容

1) 工程概况;

2) 完成设计文件内容情况;

3) 验收结论;

4) 存在问题及处理意见。

3. 填写方法及要求：

1) 工程概况：写明建设单位、设计单位名称、工程项目名称、单位工程名称、工程地址、设计合理使用年限。

市政基础设施工程，一般的设计使用年限为50年。

2) 完成设计文件内容情况：

应从土建、安装、抗震设防等方面，评价施工图纸是否符合设计规范及建设工程强制性标准要求；说明工程建设过程中的图纸会审记录、设计变更文件是否通过了施工图审查机构的审查；说明是否出现了因设计原因而造成的工程质量问题。

3) 验收结论。

4) 存在问题及处理意见：

应提出存在的具体问题，并明确解决方案。

5) 设计单位工程质量检查报告的格式：

设计单位工程质量检查报告

工程项目名称		工程地址	
建设单位			
设计单位			
单位工程名称			设计合理使用年限
验 收 人(签字)： 单位(章)： 技术负责人(签字)： 法定代表人(签字)： 　　　　　　　　　　　　　　　　　　年　月　日			

2.4.3 施工图审查机构工程质量检查报告的编写方法

1. 施工图审查机构工程质量检查报告定义

施工图审查机构工程质量检查报告是施工图审查机构接到建设单位竣工验收通知后，依据建设工程设计与施工的法律、法规、建设工程强制性标准，对施工图审查意见的审查结果进行质量验收的书面意见书。

2. 施工图审查机构工程质量检查报告的主要内容

1) 工程概况；

2) 施工图审查意见实施情况；

3) 验收结论；

4) 存在问题及处理意见。

3. 填写方法及要求：

1) 工程概况包括：工程项目名称、单位工程名称、工程地址、建设单位、地质勘察单位、设计单位、地基承载力标准值、设计合理使用年限。

2) 施工图审查意见实施情况：应从土建、设备安装、抗震设防等方面评价施工图审查结果是否符合设计规范和建设工程强制性标准要求；

说明工程建设过程中，审查图纸会审记录、设计变更通知书的情况；

说明是否出现因施工图审查原因而造成的工程质量问题。

3) 验收结论。

4) 存在问题及处理意见：

应提出存在的具体问题，并明确处理措施。

5) 施工图审查机构工程质量检查报告格式：

施工图审查机构工程质量检查报告

工程项目名称		工程地址	
建 设 单 位			
地质勘察单位			
设 计 单 位			
单位工程名称	地基承载力标准值		设计合理使用年限
验 收 人(签字)： 技术负责人(签字)：		单 位(章)： 法定代表人(签字)： 年 月 日	

2.4.4 建设工程规划验收合格证的编写方法

1. 建设工程规划验收合格证定义

建设工程规划验收合格证是规划管理部门，接到建设单位的工程竣工验收申请后，根据《城市规划法》及规划设计审批文件和有关政策规定，对工程进行验收的书面意见书。

2. 建设工程规划验收合格证的主要内容

1）工程概况：

写明建设单位、工程项目名称、单位工程名称、工程地址、工程规模。

2）应写明该工程的平面位置、建筑造型（指桥梁）、结构类型、断面尺寸、红线宽度等项内容，是否符合规划审批意见。

3）验收结论意见：应写明是否符合《中华人民共和国城市规划法》的规定和规划审批意见。

4）存在问题及处理意见：

应提出存在的具体问题，并明确处理意见。

规划验收合格证的具体写法，可参考第五章"工程竣工验收备案举例"。

2.4.5 建设工程消防验收意见书的编写方法

1. 建设工程消防验收意见书定义

建设工程消防验收意见书是公安消防机构接到建设单位竣工验收申请后，按照国家消防技术标准及消防工程审查意见进行消防验收的书面意见书。

2. 建设工程消防验收意见书的主要内容

1）工程概况

写明建设单位、设计单位、施工单位的名称、工程项目名称、工程地址。

2）验收依据：

写明依据国家消防法、有关政策规定、设计文件和设计文件审查意见。

3）验收结论意见：

明确是否符合消防设计要求，能否满足消防使用功能要求。

4）注意事项：

应明确该工程的消防设备应定期维护、保养，保证完整有效；该工程如有改建、用途变更等，应报公安消防机构审批。

5）消防工程验收不合格的，要明确指出存在的问题和所依据的技术规范，并提出复验要求。

消防验收意见书的格式（见下表）。

建设工程消防验收意见书

工程项目名称		工程地址	
建设单位			
设计单位			
施工单位			
验 收 人（签字）： 技术负责人（签字）：		单 位（章）： 法定代表人（签字）： 年 月 日	

2.4.6 环保验收合格证的编写方法

1. 环保验收合格证定义

环保验收合格证是环保监督管理部门收到建设单位验收通知后，依据《中华人民共和国环境保护法》的要求，对建设工程项目进行环境质量评价的书面意见书。

2. 环保验收合格证的主要内容

1）工程概况

写明工程项目名称、建设单位、施工单位、工程地址、总投资、占地面积、项目性质等。

2）工程情况概述

写明建设项目与环境有关的内容。
3）存在问题及处理意见
写明存在具体问题及整改措施。
4）验收意见
应写明：(1) 工程项目对大气环境、水环境的影响情况；
(2) 工程项目对水土流失、生态环境的影响情况；
(3) 工程项目所产生的噪声对声环境的影响程度；
(4) 工程项目使用后产生的固体垃圾对周围环境的影响情况。
3. 环保验收合格证的格式（见下表）

建设工程环保验收合格证

编号：

工程项目名称		工程地址	
建设单位		工程类别	
施工单位		主要工程量	
环评分类	报告书□ 报告表□ 登记表□	总投资	万元
项目性质	新□ 改□ 扩□	占地面积	m^2
申请验收时间		审批时间	
工程情况概述：			
存在问题及整改措施：			
验收意见 　　　　　　　　　　环境保护局（章） 经办人（签字）：　　负责人（签字）： 　　　　　　　　　　　　　　　年　月　日			
备注			

2.4.7 建设工程档案专项验收认可书的编写方法

1. 建设工程档案专项验收认可书定义
建设工程档案专项验收认可书是档案管理部门接到建设单位

竣工验收申请后,依据国家、省有关建设工程档案的管理规定,对建设工程档案进行审查的结论性意见书。

2. 建设工程档案专项验收认可书的主要内容

1) 建设工程档案专项验收申请表

(1) 建设工程档案专项验收申请表的格式如下:

建设工程档案专项验收申请表

申报单位(盖章)

工程项目名称		工程地址	
单位工程名称		工程规模	
		工程类别	
		规划许可证号	
地质勘察单位		施工许可证号	
设计单位		施工合同编号	
施工单位		监理合同编号	
监理单位		施工合同类别	
开工日期		竣工日期	
建设单位建设工程档案自验情况			
城建档案管理机构: 本建设工程档案经我单位自行验收,认为符合有关规定,报请进行工程档案专项验收。 城建档案员:工程技术负责人: 总监理工程师:			

填报日期:　　　　　　　　　　　　　　　　　　　　　　年　月　日

档案总计数量	总数量__卷;其中:文字__卷,图纸__卷, 磁盘__张;照片__张;录像__盒
综合类文件 材料情况	
施工类文件 材料情况	
监理类文件 材料情况	
竣 工 图	

(2) 建设工程档案专项验收申请表的填写内容
① 表头部分
工程项目名称：填写简称，单位工程名称：填写全称。各参建单位名称一律写全称，各项证号按实际填写。
② 建设工程档案自验情况
写明移交档案的种类名称和自验情况
③ 档案总计数量
按实际填写。
④ 综合类文件材料情况
建设前期各项报建手续的卷数、项数、页数。
建设前期各项报建手续按 4.1.1 中《前期报建资料汇总核查表》的内容整理。
⑤ 施工类文件材料情况
分述质量保证资料、施工管理资料的卷数、项数、页数。
⑥ 监理类文件材料情况
写明监理档案卷数、项数、页数。
⑦ 竣工图：分述各专业图纸卷数、张数。
档案专项验收申请表填写方法参见第五章"工程竣工验收备案举例"
2) 建设工程档案专项验收意见书
(1) 建设工程档案专项验收意见书的格式如下

建设工程档案专项验收意见书

工程项目名称	
单位工程名称	
验 收 意 见	
备 注	

验收单位：城建档案馆
验　收　人：
验收组长：
　　　　　　　　　　　　验收日期：　　年　月　日

(2) 建设工程档案专项验收意见书的填写内容

① 表头部分

工程项目名称：填写简称；单位工程名称：填写全称，与图纸相符。

② 验收意见

应逐项说明申请表中的各类文件资料是否合格，是否同意接收。

档案专项验收意见书的填写方法参见第五章"工程竣工验收备案举例"。

3. 建设工程档案专项验收认可书

(1) 档案专项验收认可书格式如下

河北省建设工程档案专项验收认可书

　　　　　　　　　　　　　　冀（　）城档认字第号

_____：

　　你单位_____建设工程，其档案经审查验收，符合国家、省有关工程档案管理规定，现予认可。

　　　　　　　　　　　_____城建档案馆（处）
　　　　　　　　　　　　经　办　人：
　　　　　　　　　　　　核　准　人：
　　　　　　　　　　　　签发日期：　　年　月　日

(2) 说明：

① 建设单位完成"申请表"和"意见书"后，可视为具备了档案合格文件，建设单位可以组织工程竣工验收。

② 工程竣工验收后，建设单位把所需要的工程档案（4.1

中的上报材料一~五）汇齐后，报档案管理部门办理建设工程档案专项验收认可书。

　　档案专项验收认可书的具体写法，可参考第五章"工程竣工验收备案举例"

第三章 工程竣工验收

依据建设部工程竣工验收有关规定的要求,工程具备验收条件后,在政府质量监督机构的监督下,建设单位组织勘察、设计、施工、监理、施工图审查机构等单位的有关专家和技术人员对工程进行竣工验收。

工程竣工验收一般以竣工验收会议的形式进行,本章详细介绍了竣工验收会议的议程和内容。同时,讲述了建设、勘察、设计、施工、监理单位汇报工程合同履约情况以及在工程建设各个环节执行法律、法规和工程建设强制性标准情况的汇报材料的编写方法。

3.1 工程竣工验收的会议议程和内容

1) 验收委员会主任宣布竣工验收会议开始,宣布验收委员会组成人员名单;宣布专项验收组组长及其成员;宣读委托书。上述人员名单及委托书报质量监督机构派出的监督小组确认。

2) 建设、勘察、设计、施工、监理单位分别汇报工程合同履约情况以及在工程建设各个环节执行法律、法规和工程建设强制性标准的情况(上述"汇报材料"的写法在3.2中讲述)。

3) 审阅勘察、设计、施工图审查机构、施工、监理单位的工程质量合格文件。

4) 审阅规划、公安消防、环保、档案等部门的质量认可文件或准许使用文件。

5) 资料验收组核查工程质量保证资料和施工管理资料。

6) 实地查验工程质量,填写观感质量检查记录。

实地查验工程质量的主要内容：

(1) 对主要使用功能进行抽样试验，对重要控制项目进行抽查检测。具体抽检、抽测办法由验收委员会按标准规定的要求，根据工程的具体情况协商确定，按规定的表格格式作好记录。

(2) 观感质量检查，按各专业标准规定的内容进行检查，并作好记录。

7) 各专项验收组检查验收完毕后，验收组组长总结发言，对所检查的内容进行客观地评价，并明确各项验收结论，建设单位做好记录。

8) 验收委员会协商验收意见，当意见一致时，形成验收委员会签署的工程竣工验收意见，宣布工程竣工验收结论。

9) 监督机构宣布验收监督意见。

10) 整理会议纪要，与会各方在会议纪要上签字。

11) 宣布验收会议结束。

3.2 建设、勘察、设计、施工、监理单位在验收会议上"汇报材料"的内容

3.2.1 建设单位的"汇报材料"的主要内容

1. 工程基本情况

工程项目名称、单位工程名称、工程量、工程造价、工程地址、设计合理使用年限、结构类型、断面尺寸、红线宽度、开竣工日期等。

2. 工程报建各种手续

是否有用地许可证、规划许可证、招投标文件、施工许可证等。

3. 合同的签订和履约情况

1) 合同种类：

说明有无设计合同、施工合同、监理合同等。

2) 合同的实施

说明是否签订了合同、是否履行了合同约定。

4. 技术管理文件

1) 说明是否按要求及时地进行了图纸会审，有无图纸会审记录；

2) 设计变更、洽商记录是否符合规定要求。

5. 工程质量控制

说明是从几方面、如何控制工程质量的。

6. 工程拨款情况

说明是否按各种合同约定拨付了工程款。

3.2.2 地质勘察单位"汇报材料"的主要内容

1. 工程概况

工程概况包括：工程项目名称、单位工程名称、工程地址、建设单位、地质勘察单位、地基承载力标准值、主要工程量、结构类型、设防烈度等。

2. 合同履约情况

3. 岩土工程勘察报告

1) 勘察工作概况；

2) 场地地质条件概况：

(1) 地质成因与分布；

(2) 各地基土层的承载力及变形指标。

3) 有无不良地质条件及处理方案。

4. 验槽

1) 基槽岩土是否与《岩土工程勘察报告》相符；

2) 对地基验槽时采用的各种手段的科学性、可靠性及地基处理的方法进行说明；

3) 对其他地基，如复合地基、换土地基等的检测数据情况作出说明；

4) 对《岩土工程勘察报告》中提出的"地基方案"实施情

况作出说明,若没有完全采用"地基方案",应明确说明其原因。

5. 存在的问题及解决的方法

3.2.3 设计单位"汇报材料"的主要内容

1. 工程概况

工程概况包括:工程项目名称、单位工程名称、工程地址、建设单位、地质勘察单位、设计单位、地基承载力标准值、设计合理使用年限、结构类型、红线宽度、设防烈度等。

2. 合同履约情况

3. 执行设计规范和建设工程强制性标准情况

从土建、设备安装、结构类型、断面尺寸及抗震设计等方面进行说明。

4. 图纸会审、设计变更、洽商记录的情况说明

5. 工程质量控制

1) 强度及严密性试验等重要部位的验收情况;

2) 新材料、新结构等新内容的测试及认可情况。

6. 存在的问题及解决方法

3.2.4 施工单位的"汇报材料"的主要内容

1. 工程概况

工程概况包括:工程项目名称、单位工程名称、工程地址、建设单位、主要工程量、结构类型、断面尺寸、红线宽度、开竣工日期等。

2. 法定文件

中标文件、施工合同、施工许可证等。

3. 质量控制

说明施工过程中各个环节是如何控制工程质量的,是否及时进行了分阶段质量验收(如构筑物的基础、主体工程;道路的基层、面层工程等)。

4. 质量保证资料和施工管理资料

说明质量保证资料和施工管理资料是否齐全；说明质量检测和功能性试验记录是否齐全。

5. 合同履约情况

1）完成合同约定内容的情况；

2）工程拨款情况。

3.2.5 监理单位的"汇报材料"的主要内容

1. 工程概况

工程概况包括：工程项目名称、单位工程名称、工程地址、建设单位、地质勘察单位、设计单位、主要工程量、结构类型、开竣工日期等。

2. 法定文件

监理合同的履约情况。

3. 执法情况

说明在工程建设各环节执行法律、法规情况，如何实施建设强制性标准。

4. 实体质量控制

1）进场原材料进场验收情况；

2）计量控制情况；

3）安全质量检测和功能性试验情况；

4）地基验槽、隐蔽验收情况；

5）重要部位的质量情况；

6）质量保证资料核查情况，质量检测和功能性试验抽测记录的核查情况。

5. 工程质量缺陷及重大质量事故处理情况

6. 存在的问题及处理意见

第四章 工程竣工验收备案

工程竣工验收后，5个工作日内未接到质量监督机构签发的责令整改通知书，即可进入验收备案程序。建设单位应汇齐竣工验收备案所需的各种材料，及时报送备案机关。备案机关审查合格后，给予办理（河北省）建设工程竣工验收备案证明书。

本章讲述了建设单位在办理竣工验收备案时所需的各种材料，以及这些材料的主要内容和编写方法。

竣工验收备案所需的材料有：竣工验收报告、竣工报告、质量评估报告；勘察、设计、施工图审查机构的工程质量检查报告；规划、公安消防、环保、档案等部门的验收认可文件；工程质量保修书、各地市建设行政主管部门规定的其他要求；工程质量监督报告，竣工验收备案表。

为使大家尽快地掌握有关资料的编写方法，在下文中详细介绍了如何编写竣工验收报告，工程质量监督报告，同时对竣工验收备案表的填写要求加以说明。

4.1 建设单位应向备案机关上报的资料

1. 竣工验收报告；
2. 监理公司的质量评估报告，勘察、设计、施工图审查机构的工程质量检查报告，施工单位的工程竣工报告；
3. 规划、公安消防、环保、档案等部门的验收认可文件；
4. 施工单位签署的工程质量保修书；
5. 各地市建设行政主管部门规定的其他文件；
6. 竣工验收备案表。

4.1.1 竣工验收报告的编写方法

1. 竣工验收报告的定义

竣工验收报告是勘察、设计、施工图审查机构、施工、监理、建设等参建单位及有关各专业部门组成的验收委员会，对工程质量、使用功能、结构安全性、合同履约等项综合检查的结论性报告。

2. 竣工验收报告的主要内容及填写方法

1) 竣工验收报告的主要内容：

(1) 工程概况；

(2) 完成设计文件内容情况；

(3) 完成合同约定情况；

(4) 工程档案资料；

(5) 安全质量检测和功能性试验资料情况；

(6) 质量合格文件；

(7) 工程质量保修书；

(8) 审查结论（1~6项上报资料的审查情况）；

(9) 工程质量评定表；

(10) 竣工验收情况；

(11) 竣工验收结论；

由勘察、设计、施工、监理、建设5方责任主体及施工图审查机构的法人代表、项目负责人共同签字并加盖公章。

2) 竣工验收报告的填写方法及要求：

竣工验收报告的表格形式（见下表）。

竣工项目审查

工程项目名称		工程地址	
工程类别		工程规模	
建设单位		总造价	万元
地质勘察单位		施工许可证号	
设计单位			
监理单位		开工日期	年 月 日
施工单位		竣工日期	年 月 日
单位工程名称	结构类型	工程量	

检查项目及内容	检查情况
一、按设计图已完成项目情况 　1. 市政道路机动车道、非机动车道、人行道工程 　2. 桥梁地基基础、墩台、梁板主体、桥面铺装工程 　3. 路灯工程 　4. 给水管道工程 　5. 雨水管道工程 　6. 污水管道工程 　7. 燃气管道工程 　8. 热力管道工程 　9. 给排水构筑物地基基础、主体、装饰工程 　10. 垃圾处置工程 　11. 绿化工程 　12. 其他工程	

续表

检查项目及内容	检 查 情 况
二、完成合同约定情况 1. 总承包合同约定 2. 分包合同约定 3. 专业承包合同约定	
三、技术档案和施工管理资料情况 1. 建设前期技术档案 2. 监理技术档案和管理资料 3. 施工技术档案和管理资料	
四、安全质量检测和功能性试验资料情况 1. 道路、给排水管网 2. 路灯 3. 桥梁 4. 热力、燃气管网 5. 给排水构筑物 6. 绿化 7. 设备安装	
五、质量合格文件 1. 地质勘察单位 2. 设计单位 3. 施工图审查 4. 施工单位 5. 监理单位	
六、工程质量保修书 1. 总承包单位 2. 专业承包单位	

审查结论

建设单位项目负责人：

年 月 日

工程质量评定表

单位工程名称	评定等级	共__分部(分项) / 经查符合要求__分部(分项)	质量保证资料评定得分	安全质量检测和功能性试验资料 共查__项 / 经检查符合要求__项	观感质量评价
道路工程			—		—
桥梁工程			—		—
路灯工程			—		—
给水管道工程					
雨水管道工程					
污水管道工程					
燃气管道工程					
热力管道工程					
给排水构筑物工程			—		
垃圾处置工程					
绿化工程			—		—

质 量 评 定

工程质量评定:

　　　　　　　建设单位负责人(签字):
　　　　　　　　　　(公章)
　　　　　　　　　　　　　　　　年 月 日

存在问题:

工程专业	执行标准	工程专业	执行标准
道路工程		污水管道工程	
桥梁工程		燃气管道工程	
路灯工程		热力管道工程	
给水管道工程		给排水构筑物工程	
雨水管道工程		绿化工程	

竣工验收情况

1. 验收机构
1）领导层

主　任	
副主任	
成　员	

2）各专项验收组

验收组	组　长	成　员
实测实量组		
观感检查组		
资料核查组		

注：建设、监理、设计、施工等单位的专业人员均必须参加相应的专项验收组。

2. 验收组织程序
1）建设单位主持验收会议；
2）施工单位介绍施工情况；
3）监理单位介绍监理情况；
4）各专项验收组按分工负责实测实量、外观检查、资料核查，资料核查重点是安全质量检测和功能性试验资料；
5）各专项验收组总结发言，建设单位做好记录。

竣工验收结论

续表

地质勘察单位	设计单位	施工单位
法定代表人：	法定代表人：	法定代表人：
勘察负责人：	设计负责人：	技术负责人：
（公章） 　年　月　日	（公章） 　年　月　日	（公章） 　年　月　日
监理单位	施工图审查机构	建设单位
法定代表人：	法定代表人：	法定代表人：
总监理工程师：	审查负责人：	项目负责人：
（公章） 　年　月　日	（公章） 　年　月　日	（公章） 　年　月　日

3. 竣工验收报告的填写方法及要求：

1) 表头部分

（1）建设、勘察、设计、施工、监理、施工图审查机构等单位的名称一律填写全称，并与公章相符。工程项目名称：填写简称；单位工程名称：填写全称，与图纸相符。

（2）工程地址：工程坐落在临近东西道和南北路口的距离，填距最近的道路名称和距离，道路是指主要干道；或工程所在的两条道路之间的区域。

（3）结构类型：见下表。

工程专业	结 构 类 型
1. 市政道路	沥青混凝土、水泥混凝土、连锁块、便道砖
2. 市政桥梁	简支梁、连续梁、板、地道桥、钢管桥
3. 市政排水管渠	钢筋混凝土管ϕ、素混凝土管ϕ、预应力混凝土管ϕ、塑料管ϕ砖砌方沟$B \times H=$ 、混凝土方沟$B \times H$
4. 城市给水管网	铸铁管DN、球墨铸铁管DN、钢管DN、玻璃钢管DN、PE塑料管de
5. 城市燃气管网	钢管DN、铸铁管DN、塑料管de
6. 城市热力管网	地沟$B \times H$、架空钢管DN；直埋保温钢管DN
7. 给排水构筑物	钢筋混凝土、预应力混凝土、砖砌体、石砌体
8. 城市路灯	钢杆H、钢筋混凝土杆H
9. 垃圾处置	符合防渗垃圾填埋
10. 绿化工程	草坪、植树

(4) 工程量：给排水构筑物、绿化工程等指实际竣工面积。道路工程指实际长度×红线宽度，管网工程指实际长度，桥梁工程指实际长度×实际宽度。

(5) 总造价：预算总价。

(6) 开工日期：实际破土动工日期。

(7) 竣工日期：建设单位组织竣工验收，验收委员会及政府监督部门确认工程质量合格的日期。

(8) 工程规模：指污水处理厂处理污水能力（15万t/d）、排水管道的排水能力（15m³/h）等。

(9) 工程类别：按工程专业和工程规模进行划分，如市政一类、高耸建筑二类等。

2) 完成设计文件内容情况：

说明各单位工程（或分部工程）完成情况，未完成的项目说明原因。

3) 完成合同约定情况：

说明工程内容、质量、工期是否完成合同约定，有无分包、专业承包，若有应说明分包、专业承包完成合同约定情况。

4) 工程技术档案资料

(1) 建设前期、施工图设计审查等技术文件，应有多少项（按下表整理），符合要求多少项。

前期报建资料汇总核查表

序号	资料名称	份数	页数	核查情况
1	立项审批文件			
2	建设工程选址意见书			
3	建设用地规划许可证			
4	用地批准文件			
5	建设工程规划许可证			
6	施工图设计文件审查结论意见			
7	合同、协议、招投标文件			
8	监督注册登记表			
9	施工许可证			
检查结果	核查人（签字）：	建设单位（章） 负责人（签字）： 　　　　　　　年　月　日		

(2) 监理技术档案和管理资料，应有多少项（见2.2.1中核查表），符合要求多少项。

(3) 质量保证资料和施工管理资料，应有多少项（见2.1.3中核查表一、表二），符合要求多少项。

5) 安全质量检测和功能性试验资料情况

应分述：安全质量检测、功能性试验（调试）报告是否齐全，结果是否合格。

6) 质量合格文件

表中填写勘察、设计、施工图审查机构已签署了质量合格文件；施工单位填写了竣工报告，并说明工程质量等级。

监理公司出具了工程质量评估报告，并说明评估的工程质量等级。

7）工程质量保修书

经审查工程质量保修书是否符合有关法律、法规的规定。若有专业承包，需说明专业承包的内容是否有符合要求的工程质量保修书。

8）审查结论

施工单位已完成了设计文件的全部内容，工期、质量达到了合同约定的期限和标准；建设前期各种手续齐全；监理公司技术档案和管理资料，经审查符合要求；施工单位质量保证资料和管理资料，经审查符合要求；工程质量保修书及其他文件符合要求。

9）单位工程质量评定表

（1）共多少分部，合格多少分部。质量保证资料评定得分是多少；安全质量检测资料和功能性试验资料应有多少项，符合要求多少项；观感质量评价填写"好"、"一般"、"差"。

（2）工程质量评定

工程质量不能只写工程质量合格或优良，应写明各单位工程及其主要分部（分项）的质量等级、质量保证资料的核查结果、功能性试验抽查结果、观感质量评价结果。

（3）存在问题

实际存在什么问题，逐条写清。

（4）竣工验收结论

可填写各单位工程质量等级，同意交付使用。

（5）5方责任主体及施工图审查机构签字盖章。

4.1.2 建设工程竣工验收备案表

1. 竣工验收备案表格式

市政基础设施工程竣工验收备案表

编号：

工 程 项 目 名 称				
建 设 单 位		申 报 人		
施 工 单 位				
设 计 单 位				
施工图审查机构				
监 理 单 位				
规划许可证号		施工许可证号		
所需文件审核情况（将资料原件附后）				
文 件 名 称	编号		核发机关、日期	
竣工验收报告				
规划验收认可文件				
消防验收意见书				
环保验收合格证				
档案验收认可书				
工程质量保修书				
以下由建设行政主管部门填写				
质量监督报告				
备案情况	已备案： 经办人(签字)；负责人(盖章)			

2. 竣工验收备案表的填写内容

1）工程项目名称：填写简称；单位工程名称：填写全称。各参建单位的名称一律写全称，与公章相符。规划许可证号、施工许可证号按实际编号填写。

2）核发机关填写各单位简称，核发日期填写该报告签发的日期（年月日）。

核发机关分别为：

(1) 竣工验收报告填写建设单位；

(2) 工程质量保修书是甲、乙方共同签订的保修合同，填写甲、乙方即可。

3) 质量监督报告

质量监督报告中写明：同意报备案机关备案。

4) 备案情况

(1) 已备案，文件收讫；经办人、负责人签字盖章。

(2) 竣工验收备案表的具体填法，可参考第五章"工程竣工验收备案举例"。

(3) 质量监督机构审查上述资料符合要求后，应当自竣工验收之日起5日内，向备案机关提交工程质量监督报告。

(4) 建设单位应当自竣工验收合格之日起15日内，将上述上报资料1~6汇齐后，报备案机关，办理竣工验收备案。

备案机关审查上述资料确认合格后，给予办理河北省建设工程竣工验收备案证明书。

4.1.3 工程质量监督报告的编写方法

1. 质量监督报告定义

工程质量监督报告是质量监督机构对建设五方责任主体质量行为和工程实体质量的综合性评价文件。

2. 质量监督报告的主要内容

1) 工程基本情况：应写明工程项目名称、单位工程名称、结构类型、工程规模、工程类别、投资性质、规划许可证号、施工许可证号、监督注册号、开工日期、竣工日期，还应写明建设、勘察、设计、施工、监理、施工图审查机构资质等级、证号，各单位项目负责人姓名、证号及法定代表人姓名。

2) 监督意见：

（1）在工程建设中，违反有关建设工程质量法律、法规、强制性建设标准的，应写明是如何处理的。

（2）主要分部（分项）工程的质量及抽样测试或检测的结果。

（3）工程竣工技术资料核查意见，应写明下列资料的审查情况：

① 建设单位前期报建手续；

② 施工质量保证资料和管理资料，安全质量检测和功能性试验资料；

③ 监理技术档案和管理资料；

④ 竣工验收资料。

（4）施工过程中出现的质量问题及处理情况：

主要质量问题，应简要说明处理过程。

（5）参建各方资质情况：

应将各参建单位的资质等级简要说明，如勘察为岩土一级，施工为市政二级，设计为市政甲级。

（6）参建各方质量责任制落实情况：

应说明在对该工程检查时，各方责任制的落实情况。

（7）应写明勘察、设计质量合格文件、监理质量评估报告的审查情况。

（8）工程竣工验收监督意见，要明确评价验收组织形式、验收程序、参加人员资格、执行标准等情况是否符合要求；应明确质量等级的评定是否符合实际。

（9）工程遗留质量缺陷的监督意见：

应说明遗留质量问题的处理意见，由谁监督改正。

（10）监督机构意见，统一填写"同意报备案机关备案"。

（11）监督机构签证

应由各专业监督工程师和监督机构负责人签字盖章，还应写明专业名称、证件号码、签证时间。质量监督报告的具体写法，可参考第五章"工程竣工验收备案举例"。

4.2 建设工程竣工验收备案证明书

备案机关收到 4.1 中建设单位汇集的上报资料 1～6、建设工程档案专项验收认可书及工程质量监督报告后，给予办理此"证明书"。

1. 验收备案证明书定义

竣工验收备案证明书，是备案机关对建设单位已组织竣工验收的工程，经审查各专业管理部门的质量检查报告或质量证明资料符合要求后，出具的备案证明文件。

备案证明书是办理固定资产移交的必备文件。

2. 验收备案证明书的主要内容及格式

河北省建设工程竣工验收备案证明书

（正本）

根据国务院《建设工程质量管理条例》和建设部《房屋建筑工程和市政基础设施工程竣工验收备案管理暂行办法》，_____工程，建设单位_____已于___年_月_日组织设计、施工、工程监理和有关专业工程主管部门验收，并于_年_月_日备案。

特此证明。

备案机关：（公章）
日期： 年 月 日

竣工验收备案证明书的具体写法，可参考第五章"工程竣工验收备案举例"。

第五章 工程竣工验收备案举例

工程举例内容说明

市政基础设施工程竣工验收及备案是新的工程竣工验收管理制度,各部门从业人员在竣工验收及备案的实施过程中,对相关材料、各种表格的填写内容和填写方法不太熟悉。在本章内,以某市新华道三水一路及路灯(虚拟)为例,列举了竣工验收备案需要的各种材料及各种表格的具体内容,供大家在工作中参考。

本章主要举例的内容为:
1. 竣工报告;
2. 工程质量保修书;
3. 质量评估报告;
4. 设计单位的工程质量检查报告;
5. 施工图审查机构的工程质量检查报告;
6. 规划验收合格证;
7. 档案验收申请表;
8. 档案专项验收意见书;
9. 档案专项验收认可书;
10. 建设工程竣工验收监督通知书;
11. 竣工验收报告;
12. 质量监督报告;
13. 竣工验收备案表;
14. 竣工验收备案证明书。

5.1 竣工报告

河 北 省
建设工程竣工报告
（市政基础设施工程）

河北省建设厅制

填 报 说 明

1. 竣工报告由施工单位负责填写。
2. 竣工报告一式三份,一律用钢笔(碳素笔)书写,字迹要清晰工整。建设单位、监理单位、施工单位、城建档案管理部门、建设行政主管部门或其他有关专业工程主管部门各存一份。
3. 竣工报告填全后,报建设单位申请竣工验收。

竣工项目核查

工程项目名称	新华道三水一路及路灯	工程地址	华岩路——建设路
工程类别	市政三类	工程规模	
建设单位	某市市政设施管理处	总造价	180万元
地质勘察单位	某市地质勘察处	施工许可证号	2004-0001
设计单位	某市规划建筑设计院		
监理单位	某市监理公司	开工日期	2004年3月15日
施工单位	某市市政建设总公司	竣工日期	2004年9月15日
单位工程名称	结构类型	工 程 量	
道路	机动车道和非机动车道为沥青混凝土，人行道为普通水泥混凝土方砖	1005.5m×50m	
给水	球墨铸铁管DN300	800m	
雨水	钢筋混凝土管φ1000	950m	
污水	钢筋混凝土管φ500	980m	
路灯	钢杆	50盏	

检查项目及内容	检 查 情 况
一、按设计图已完成项目情况 1. 市政道路机动车道、非机动车道、人行道工程 2. 桥梁地基基础、墩台、梁板主体、桥面铺装工程 3. 路灯工程 4. 给水管道工程 5. 雨水管道工程 6. 污水管道工程 7. 燃气管道工程 8. 热力管道工程 9. 给排水构筑物地基基础、主体、装饰工程 10. 绿化工程 11. 其他工程	已按合同约定期限完成了设计文件规定的内容，即： 1. 市政道路机动车道、非机动车道、人行道工程 2. 给水管道工程 3. 雨水管道工程 4. 污水管道工程 5. 路灯工程

续表

检查项目及内容	检 查 情 况
二、完成合同约定情况 　1. 总承包合同约定 　2. 分包合同约定 　3. 专业承包合同约定	已按合同约定,完成了工程项目的内容;施工工期未超过合同约定; 　　该工程无分包和专业承包
三、施工技术档案情况 　1. 质量保证资料 　2. 施工管理资料	质量保证资料符合施工技术资料管理的要求,各种建筑材料成品、半成品均有符合要求的合格证和试验报告; 　　施工管理资料符合施工技术资料管理规定,各项资料齐全、真实、完整
四、安全质量检测和功能性试验资料情况 　1. 道路、给排水管网 　2. 路灯 　3. 桥梁 　4. 热力、燃气管网 　5. 给排水构筑物 　6. 绿化 　7. 设备安装	给水管道的压力试验、污水管道的闭水试验、路面的弯沉试验及路灯照度测试合格。路灯工程接地电阻测试合格。试验资料齐全
五、工程质量保修书 　1. 总承包单位 　2. 专业承包单位	《工程质量保修书》符合建设部关于工程质量保修管理办法的有关规定,保修范围,保修期限符合要求; 　　该工程无分包和专业承包

工程质量评定表

单位工程名称	评定等级	共分部(分项)经检查符合标准及设计要求__分部(分项)	质量保证资料评定得分	安全质量检测和功能性试验资料 共查_项 经检查符合要求_项	观感质量评价
道路工程	优良	5/5 分部	88	1/1	好
桥梁工程		—		—	
路灯工程	优良	4/4 分项	91	2/2	好
给水管道工程	优良	6/6 分项	89	1/1	好
雨水管道工程	优良	5/5 分项	87	—	好
污水管道工程	合格	6/6 分项	90	1/1	一般
燃气管道工程		—		—	
热力管道工程		—		—	
给排水构筑物工程		—		—	
绿化工程		—		—	

质量评定

施工单位评定:
　　道路沥青混凝土面层弯沉试验、给水管道水压试验、污水管道闭水试验合格;路灯电缆耐压试验、接地电阻试验及照度测试合格。沥青混凝土面层及给水、雨水、污水管道的安装均合格;路灯灯座基础及灯杆安装合格。
　　各单位工程质量保证资料基本齐全,工程质量达到了质量验收规范的要求。
　　　　　　　　　　项目经理(签字):郝某
　　　　　　　　　　技术负责人(签字):周某
　　　　　　　　　　法定代表人(签字):何某
　　　　　　　　　　(公章)
　　　　　　　　　　　　　　　　　　2004 年 9 月 16 日

监理单位质量评价:
　　经检查道路工程、给水管道工程评为优良;雨水管道工程、污水管道工程、路灯工程评为合格。同意施工单位申请竣工验收。
　　　　　　　　　　总监理工程师(签字):王某
　　　　　　　　　　法定代表人(签字):赵某
　　　　　　　　　　(公章)
　　　　　　　　　　　　　　　　　　2004 年 9 月 17 日

5.2 工程质量保修书

市政基础设施工程质量保修书

河北省建设厅制

工程质量保修书

工程项目名称：<u>新华道三水一路及路灯（建设路-华岩路）</u>
发包方（全称）：<u>市政设施管理处</u>
承包方（全称）：<u>市政建设总公司</u>

为保护建设单位、施工单位、市政基础设施管理单位的合法权益，维护公共安全和公众利益，根据《中华人民共和国建筑法》、《建设工程质量管理条例》及其他有关法律、法规，并参照《房屋建筑工程质量保修办法》，遵循平等、自愿、公平的原则，签定工程质量保修书，承包方在质量保修期内按照有关管理规定及双方约定，承担工程质量保修责任。

一、工程质量保修范围、保修期限

在正常使用条件下，市政基础设施工程质量保修期限承诺如下：

道路工程、雨水管道工程、污水管道工程、给水管道工程、路灯工程的保修期为 2 年。

其他项目保修期限双方约定如下：

_____

承包方质量保修期，从工程竣工验收合格之日起计算。按单位工程竣工验收的，保修期从各单位工程竣工验收合格之日起分别计算。

二、质量保修责任

1. 施工单位承诺和双方约定保修的项目和内容，应在接到发包方保修通知后 7 日内派人保修。承包方不在约定期限内派人保修的，发包方可委托其他人员维修，维修费用从质量保修金内扣除。

2. 因保修不及时，造成新的人身、财产损害，由造成拖延的责任方承担赔偿责任。

3. 发生需紧急抢修事故，承包方接到事故通知后，应立即到达事故现场抢修。非施工质量引起的事故，抢修费用由发包方或造成事故者承担。

4. 在国家规定的工程合理使用期限内，承包方确保地基基础和主体结构工程的质量。因承包方原因致使工程在合理使用期限内造成人身和财产损害的，承包方应承担损害赔偿责任。

5. 下列情况不属于质量保修范围：
1) 因使用不当或第三方造成的质量缺陷；
2) 因不可抗力造成的质量缺陷；
3) 因设施管理单位自行改动的结构、设施、设备等项目。

三、保修费用由质量缺陷责任方承担

四、双方约定的其它工程质量保修事项：
_____
_____
_____

五、本保修书未尽事项，按国家现行法津、法规规定执行。

本保修书一式五份。

  发包方（公章）   承包方（公章）

  法定代表人（签字）：王×× 法定代表人（签字）何××

                  2004年9月16日

5.3 监理单位工程质量评估报告

新华道三水一路及路灯工程质量评估报告

一、工程概况

工程项目名称：新华道三水一路及路灯
工程地址：华岩路——建设路
建设单位：市政设施管理处
监理单位：某市监理公司
设计单位：规划建筑设计院
建设工期：6个月
施工单位：市政建设总公司
工程投资：1800万元

本工程位于市中心区的西半部，属于东西走向的三水一路及路灯新建工程，道路桩号为 0+100—1+105.5，总长度1005.5m，红线宽度50m，分机动车道、非机动车道、人行便道。机动车道结构为沥青混凝土面层＋一层二灰碎石＋二层石灰土，非机动车道结构为沥青混凝土面层＋一层二灰碎石＋一层石灰土，人行道结构为普通水泥混凝土方砖＋一层石灰土；给水管道为球墨铸铁管 DN300，长800m；雨水管道为承插式钢筋混凝土管（胶圈接口）φ1000，长950m；污水管道为承插式钢筋混凝土管（胶圈接口）φ500，长980m；路灯工程为钢杆，50盏。

二、工程实体质量评价

（一）主要原材料

本工程所用钢筋混凝土管，均为某市水泥制品厂生产，所用水泥为某厂某牌水泥，沥青90号道路石油沥青。

钢材、水泥、沥青等主要原材料进场后，按品种、批量验收，查验合格证齐全后，由驻地监理工程师见证取样，试验合格后才准予使用。砂子、石子、石灰、砖等原材料，经复试合格后使用。

球墨铸铁给水管及钢筋混凝土排水管进场后,均查验合格证、准用证等质量合格证明文件。

井圈、井盖、爬梯等成品均查验合格证。

(二) 道路工程

道路工程分为机动车道、非机动车道和人行道,对于机动车道和非机动车道,重点控制了灰土底基层、二灰碎石基层和沥青混凝土面层的施工质量。

1. 灰土及二灰碎石工程:严把材料关,坚持了进厂石灰先检验、后使用;对灰土、二灰碎石的计量、拌和、摊铺、碾压等工序的质量进行了检查,确保了基层的断面尺寸及密实度。

2. 沥青混凝土面层:在摊铺现场,及时抽测沥青混合料的温度,使其在规定的温度范围内摊铺和碾压,从而保证了沥青面层的密实度和平整度。

3. 人行道便道板的铺筑,铺筑前,对便道板的质量进行见证取样,检验合格后允许使用。便道板的铺筑质量控制了平整度、横纵缝的直顺度,使其符合质量验收规范的要求。

道路工程实测实量 350m,共查 95 点,合格 88 点,合格率为 92.63%,其中主要检查项目,即面层厚度和密实度各抽查 8 点,合格率均为 100%。

(三) 管道工程

给水管道、雨水管道、污水管道工程,在施工过程中控制了管道安装分项的质量和搅拌混凝土各种原材料的计量,经常进行砂、石料的外观、粒径、含泥量、级配情况和混凝土坍落度进行检查,保证了混凝土强度。实测实量总共抽查 86 点,合格 68 点,合格率为 79.07%,无严重超差点。

(四) 路灯工程

路灯工程控制了灯杆基础钢筋混凝土的浇筑、灯杆组立和接地电阻的测试。灯杆安装工程,共实测 12 点,合格 10 点,合格率为 83.3%。

三、质量保证资料核查结果

质量保证资料，应 10 项，实际 10 项，符合要求 10 项。主要建筑材料试验报告基本齐全。道路工程的弯沉试验报告、给水管道和污水管道的打压/闭水试验报告、路灯工程的照度测试报告真实、齐全。

四、观感和使用功能质量评价

（一）观感质量

1. 路缘石安装顺直、美观；道路面层平整、密实、无裂缝，接茬基本平顺。

2. 雨污水管道工程，无倒坡、积水现象，井梯安装间距均匀、上下垂直、朝向正确，井盖平稳、与路表面高差符合要求。

3. 给水工程：消防栓外露高度一致，井室清洁，井内管道、闸阀等安装正确，防腐良好。井室砌筑观感质量较好，井盖平稳，与路表面高差符合要求。

4. 路灯工程：灯杆安装位置符合设计要求，顺直、整齐；灯具安装合格，保护接地符合设计要求。

（二）使用功能

1. 道路面层密实、平整、粗糙，在设计车速下行驶，车辆无较大颠簸感，初步检测摩擦系数符合要求。

2. 给水管道经冲洗，水质检验合格。闸阀开启灵活、消防栓试水有效。

3. 雨、污水管道内洁净、无泥土杂物，闭水用的临时封堵物已经清理干净，排水畅通。

4. 路灯照度测试达到了设计要求，电器控制系统经检测安全有效。

五、工程质量问题的处理情况

在给水管道工程施工中，桩号 0+525 处，管道接口胶圈未到位。驻地监理工程师责令施工单位返工重做。

在雨水管道工程施工中，个别钢筋混凝土管管径偏差达"-40mm"，驻地监理工程师责成施工单位更换合格管材。

六、质量综合评价意见

该工程质量保证资料基本齐全，观感质量较好。道路工程、给水管道工程为优良；雨水管道工程、污水管道工程和路灯工程为合格。

同意建设单位组织竣工验收。

监理公司法人代表：赵某
总监理工程师：王某
市监理公司
2004 年 9 月 17 日

5.4 设计单位工程质量检查报告

设计单位工程质量检查报告

工程项目名称	新华道三水一路及路灯	工程地址	华岩路——建设路
建设单位		市市政设施管理处	
设计单位		市规划建筑设计院	

单位工程名称	设计合理使用年限
新华道道路工程	15年
新华道雨水管道工程	50年
新华道污水管道工程	50年
新华道给水管道工程	50年
新华道路灯工程	50年

经核查，给水管道、雨水管道、污水管道、道路工程、路灯工程等工程图纸符合设计规范的规定，已按施工图审查机构的要求，对整套施工图进行了修改，符合建设工程强制性标准的规定。图纸会审记录、设计变更内容正确，手续齐全，全部通过了施工图审查机构的审查，没有出现因设计原因而造成的工程质量问题。同意验收。

验　收　人（签字）：×× 　　　　　　　　　　　　　单位（章）：
　　　　　　　　　××
　　　　　　　　　××

技术负责人（签字）：××　　　　　　　　　　　法定代表人（签字）：××

　　　　　　　　　　　　　　　　　　　　　　　　2004年9月19日

5.5 施工图审查机构工程质量检查报告

施工图审查机构工程质量检查报告

工程项目名称	新华道三水一路及路灯	工程地址	华岩路——建设路
建设单位	市市政设施管理处		
地质勘察单位	市地质勘察处		
设计单位	市规划建筑设计院		
单位工程名称	地基承载力标准值	设计合理使用年限	
新华道道路工程		15年	
新华道雨水管道工程		50年	
新华道污水管道工程		50年	
新华道给水管道工程		50年	
新华道路灯工程		50年	

该工程全套施工图纸及建设过程中的图纸会审记录、设计变更通知书的审查结果符合建设工程强制性标准的规定。未出现因审查原因而造成的工程质量问题。同意验收。

项目审查人(签字)：×× 　　　　　　　　　　　审查机构(章)：
　　　　　　　　××

项目审查负责人(签字)：　　　　　　　　　　××法定代表人(签字)：××

　　　　　　　　　　　　　　　　　　　　　　2004年9月19日

5.6 建设工程规划验收合格证

中华人民共和国

建设工程规划验收合格证

编号：2004-0010

根据《中华人民共和国城市规划法》第三十二条规定，经审定，该建设工程符合城市规划要求。

特发此证

发证机关　市规划局

日期：　2004 年 9 月 19 日

建设单位	某市市政设施管理处
工程项目名称	新华道三水一路及路灯
建设位置	华岩路——建设路
建设规模	总投资 1800 万元
附图及附件名称	

遵守事项：

　　一、本证是城市规划区内，经城市规划行政主管部门验收审定，确认该建设工程符合城市规划法的凭证。

　　二、凡未取得本证的工程，有关部门不得进行竣工验收。

　　三、本证所需附图与附件由发证机关依法确定，与本证具有同等法律效力。

　　四、本证不得涂改。

5.7 建设工程档案专项验收申请表

河北省建设工程档案专项验收申请表

河 北 省 建 设 厅 制

填报说明

1. 建设工程档案专项验收申请表由建设单位负责填写,一式四份,建设单位、城建档案管理机构、建设工程竣工备案部门及有关部门各存一份。一律用钢笔书写,字迹要清晰工整。

2. 建设工程档案专项验收合格后,方可进行竣工验收。

3. 建设单位在工程竣工验收合格后,应在6个月内向城建档案管理机构移交一套完整、准确、齐全的建设工程档案。

申报单位（盖章）：

工程项目名称	新华道三水一路及路灯	工程地址	华岩路——建设路
单位工程名称	新华道道路、给水管道、雨水管道、污水管道、路灯工程	工程规模	
		工程类别	市政三类
		规划许可证号	2004-0010
地质勘察单位	市地质勘察处	施工许可证号	2004-0001
设计单位	市规划建筑设计院	施工合同编号	2004-002
施工单位	市市政建设总公司	监理合同编号	2004-008
监理单位	市监理公司	施工合同类别	总承包
开工日期	2004.3.15	竣工日期	2004.9.15
建设单位建设工程档案自验情况	建设工程报建各项手续、施工质量保证资料、管理资料、设计文件及工程竣工图、监理档案资料、竣工验收备案文件等项资料齐全、真实。		

_____城建档案管理机构：

本建设工程档案经我单位自行验收，认为符合有关规定，报请进行工程档案专项验收。

城建档案员：××   工程技术负责人：××
总监理工程师：××

填报日期：2004 年 9 月 19 日

档案总计数量	总数量 17 卷;其中:文字 12 卷,图纸 5 卷,磁盘 0 张;照片 15 张;录像 0 盒
综合类文件材料情况	建设前报建各项手续 1 卷,9 项,30 页
施工类文件材料情况	施工质量保证资料 5 卷,10 项,共 228 页 施工管理资料 5 卷,12 项,共 200 页
监理类文件材料情况	监理档案资料 1 卷,15 项,286 页
竣工图	给水 1 卷 16 张;雨水 1 卷 16 张;污水 1 卷 15 张;道路 1 卷 16 张;路灯 1 卷 8 张

5.8 建设工程档案专项验收意见书

建设工程档案专项验收意见书

工程项目名称	新华道三水一路及路灯
单位工程名称	新华道道路、给水管道、雨水管道、污水管道、路灯工程
验收意见	经审查,综合类文件、施工类文件、监理类文件、竣工图等资料符合归档要求; 同意接收现有资料; 待竣工验收,汇齐有关资料后,到我馆办理档案专项验收认可书
备 注	

验收单位:_____市城建档案馆
验收人:×××
验收组长:×××
验收日期:2004 年 9 月 21 日

5.9 建设工程档案专项验收认可书

河北省建设工程档案专项验收认可书

冀（　）城档认字第 2004-05 号

市政设施管理处：
　　你单位<u>新华道三水一路及路灯</u>建设工程，其档案经审查验收，符合国家、省有关工程档案管理规定，现予认可。

_____城建档案馆（处）

　　经办人：×××
　　核准人：×××
　　签发日期：2004 年 10 月 10 日

5.10 建设工程竣工验收监督通知书

建设工程竣工验收监督通知书

___市建设___ 工程质量监督站：

  我单位筹建的 ___新华道三水一路及路灯___ 工程，经我方审查已具备竣工验收条件，拟定于 2004 年 9 月 30 日 上 午 9 时组织竣工验收。若无不妥，请你单位派员对验收工作进行监督。

附：竣工验收条件审查表及验收人员资格证明材料

市政基础设施工程竣工验收条件审查表

工程项目名称	新华道三水一路及路灯工程	工程造价(万元)		1800
建设单位	某市市政设施管理处	计划开竣工日期		2004.3.15～2004.9.20
工 程 竣 工 验 收 条 件 自 查 情 况				
验 收 条 件	自查意见	验 收 条 件		自查意见
1. 完成施工图和施工合同全部内容，达到竣工标准	全部完成	6. 施工单位已签署质量保修书		已经出具
2. 施工单位已签署施工质量合格证明	已经具备	7. 规划行政主管部门已出具认可文件		已经出具
3. 勘察、设计单位已签署勘察、设计工作质量合格证明	已经具备	8. 公安消防、环保等部门已出具认可文件或准许使用文件		本工程不涉及
4. 监理单位已签署工程质量合格证明	已经具备	9. 质量问题已全部整改完毕		已经整改完毕
5. 工程竣工档案资料完整，已分类成册	已经分类整理成册			

参加验收人员	验收委员会	主任		副主任		
		成员				
	验收小组			姓名	单 位	本单位职务
		实测实量组	组长			
			成员			
		外观检查组	组长			
			成员			
		资料核查组	组长			
			成员			

拟定验收日期	2004年9月30日上午9时	拟定集合地点	市市政设施管理处二楼会议室
建设单位签章	项目负责人：		（单位公章） 2004年9月22日

建设单位：（章） 　　　　　　　签收人：（章）
2004 年 9 月 22 日 　　　　　　 2004 年 9 月 23 日

注：资格证明材料应包括：职称证书、上岗证书等原件或加盖本单位印章的复印件。本例证明材料略。

5.11 建设工程竣工验收报告

河 北 省
建设工程竣工验收报告

(市政基础设施工程)

河北省建设厅制

填 报 说 明

1. 竣工验收报告由建设单位负责填写。

2. 竣工验收报告一式五份,一律用钢笔书写,字迹要清晰工整。建设单位、施工单位、城建档案管理部门、质量监督机构、建设行政主管部门或其他有关专业工程主管部门各存一份。

3. 报告内容必须真实可靠,如发现虚假情况,不予备案。

4. 报告须经建设、设计、施工图审查机构、施工、工程监理单位法定代表人或其委托代理人签字,并加盖单位公章后方为有效。

第五章 工程竣工验收备案举例

竣工项目核查

工程项目名称	新华道三水一路及路灯	工程地址	华岩路——建设路
工程类别	市政三类	工程规模	
建设单位	市市政设施管理处	总造价	1800 万元
地质勘察单位	市地质勘察处	施工许可证号	2004-0001
设计单位	市规划建筑设计院		
监理单位	市监理公司	开工日期	2004 年 3 月 15 日
施工单位	市市政建设总公司	竣工日期	2004 年 9 月 30 日
单位工程名称	结构类型	工程量	
道路	机动车道和非机动车道为沥青混凝土，人行道为普通水泥混凝土方砖	1005.5m×50m	
给水	球墨铸铁管 DN300	800m	
雨水	钢筋混凝土管 $\phi 1000$	950m	
污水	钢筋混凝土管 $\phi 500$	980m	
路灯	钢杆	50 盏	

检查项目及内容	检查情况
一、按设计图已完成项目情况 1. 市政道路机动车道、非机动车道、人行道工程 2. 桥梁地基基础、墩台、梁板主体、桥面铺装工程 3. 路灯工程 4. 给水管道工程 5. 雨水管道工程 6. 污水管道工程 7. 燃气管道工程 8. 热力管道工程 9. 给排水构筑物地基基础、主体、装饰工程 10. 垃圾处置工程 11. 绿化工程 12. 其他工程	已按合同约定期限完成了设计文件规定的内容，即： 1. 市政道路机动车道、非机动车道、人行道工程 2. 给水管道工程 3. 雨水管道工程 4. 污水管道工程 5. 路灯工程

续表

检查项目及内容	检 查 情 况
二、完成合同约定情况 　1. 总承包合同约定 　2. 分包合同约定 　3. 专业承包合同约定	已按合同的约定,完成了工程项目的内容和约定的工期; 　　该工程无分包和专业承包
三、技术档案和施工管理资料 　1. 建设前期技术档案 　2. 监理技术档案和管理资料 　3. 施工技术档案和管理资料	前期报建资料应9项,符合要求9项;监理资料15项,符合要求15项;施工质量保证资料应10项,符合要求10项;施工管理资料12项,符合要求12项
四、质量合格文件 　1. 地质勘察单位 　2. 设计单位 　3. 施工单位 　4. 监理单位 　5. 施工图审查机构	设计、施工图审查机构均已出具了质量检查报告; 　　施工单位出具了竣工报告; 　　监理公司出具了质量评估报告
五、安全质量检测和功能性试验资料情况 　1. 道路、给排水管网 　2. 路灯 　3. 桥梁 　4. 热力、燃气管网 　5. 给排水构筑物 　6. 绿化 　7. 设备安装	给水管道的压力试验、污水管道的闭水试验、路面的弯沉试验及路灯照度测试合格,路灯工程接地电阻测试合格。试验资料基本齐全
六、工程质量保修书 　1. 总承包单位 　2. 专业承包单位	甲、乙双方依照有关规定,签订了符合要求的《工程质量保修书》; 　　该工程无分包和专业承包

审查结论
　　施工单位已按设计文件和合同约定的内容完成了该项目的施工;建设前期报建各项手续齐全,监理技术档案、施工技术档案等项资料真实、齐全。设计、施工图审查机构、监理单位经现场检查出具了质量合格文件;施工单位已按规定承诺了工程质量保修范围和保修期限。

建设单位项目负责人:×××

2004年9月30日

工程质量评定表

单位工程名称	评定等级	共__分部(分项)／经检查符合标准及设计要求__分部(分项)	质量保证资料评定得分	安全质量检测和功能性试验资料 共查_项／经检查符合要求__项	观感质量评价
道路工程	优良	5/5 分部	88	1/1	好
桥梁工程		—		—	
路灯工程	合格	4/4 分项	87	2/2	一般
给水管道工程	优良	6/6 分项	89	1/1	好
雨水管道工程	合格	5/5 分项	84	1/1	好
污水管道工程	合格	6/6 分项	85	1/1	一般
燃气管道工程		—			
热力管道工程		—			
给排水构筑物工程					
绿化工程		—			
质量评定					

工程质量评定：
　　道路沥青混凝土面层弯沉试验、给水管道水压试验、污水管道闭水试验合格，路灯电缆耐压试验、接地电阻试验及照明测试试验合格。沥青混凝土面层铺筑及给水、雨水、污水管道的安装合格；路灯灯座基础及灯杆安装合格。
　　工程质量保证资料基本齐全。
　　　　　　　　　　建设单位负责人（签字）（公章）
　　　　　　　　　　　　　　　　　　　　　　　　2004 年 9 月 30 日

存在问题：

工程专业	执行标准	工程专业	执行标准
道路工程	市政道路工程质量检验评定标准 CJJ 1—90	燃气管道工程	
桥梁工程		热力管道工程	
路灯工程	市城市路灯工程质量检验评定标准（试行）	给排水构筑物工程	
给水管道工程	河北省城市供水管道工程质量检验评定标准 DB 13(J)16—99	垃圾处理工程	
雨水管道工程	市政排水管渠工程质量检验评定标准 CJJ 3—90	绿化工程	
污水管道工程	市政排水管渠工程质量检验评定标准 CJJ 3—90		

竣工验收情况

一、验收机构

1. 领导层

主　任	黄××
副主任	张××
成　员	李××,王××,朱××,赵××,刘××

2. 各专项验收组

验收组	组　　长	成　　员
实测实量组		
观感检查组		
资料核查组		

注：建设、监理、设计、施工等单位的专业人员均必须参加相应的专项验收组。

二、验收组织程序

1. 建设单位主持验收会议；

2. 施工单位介绍施工情况；

3. 监理单位介绍监理情况；

4. 各专项验收组按分工负责实测实量、外观检查、资料核查，重点检查安全质量检测和功能性试验资料；

5. 各专项验收组总结发言，建设单位做好记录。

竣工验收结论 　　道路工程和给水管道工程评为优良，雨水、污水管道工程、路灯工程评为合格，同意交付使用。		
地质勘察单位 法定代表人： 项目负责人： （章） 　年　月　日	设计单位 法定代表人： 设计负责人： （章） 2004年10月1日	施工单位 法定代表人： 技术负责人： （章） 2004年10月1日
监理单位 法定代表人： 总监理工程师： （章） 2004年10月1日	施工图审查机构 法定代表人： 审查负责人： （章） 2004年10月1日	建设单位 法定代表人： 项目负责人： （章） 2004年10月1日

5.12 建设工程质量监督报告

河北省建设工程质量监督报告

工 程 名 称　某市新华道三水一路及路灯
监督注册号　2004-008
工 程 地 址　华岩路——建设路
监 督 机 构　某市建设工程质量监督检测站

河北省建设厅制

工程基本情况

工程项目名称	新华道三水一路及路灯		工程地址	华岩路——建设路	
工程规模			工程类别	市政三类	
规划许可证号	2004-0010		投资性质	自筹	
施工许可证号	2004-0001		监理注册号	2004-008	
开工日期	2004.3.15		竣工日期	2004.9.30	
单位工程名称	结构类型		工 程 量		
道路	机动车道和非机动车道为沥青混凝土面层,人行道为普通水泥混凝土方砖		1005.5m长,50m宽		
给水	球墨铸铁管DN300		800m		
雨水	钢筋混凝土管 $\phi1000$		950m		
污水	钢筋混凝土管 $\phi500$		980m		
路灯	钢杆		50盏		
单位名称		法定代表人	资质等级	项目负责人	
			证号	证号	
建设单位(开发单位)	市市政设施管理处	×××	×××		
				0005	
地质勘察单位	市地质勘察处	×××	岩土二级	×××	
			0002	0008	
设计单位	市规划建筑设计院	×××	市政乙级	×××	
			0016	0009	
施工单位	市市政建设总公司	×××	市政一级	×××	
			0005	0010	
监理单位	市监理公司	×××	乙级	×××	
			00013	0011	
施工图审查机构	设计事务审查所	×××	甲级	×××	
			00011	0015	
实施质量监督起止时间	2004.3.15—2004.9.30				

监督意见

有关建设工程质量的法律、法规、强制性标准的执行情况	在抽查中发现的违反规范标准要求的,已在监理单位监督下改正
主要结构的质量及抽样测试或检测情况	抽查、抽样测试未发现严重质量问题
工程竣工技术资料核查意见	基本齐全
施工过程出现的质量问题及处理情况	在抽查中发现的质量问题,已由监理单位监督改正
参与工程建设各方资质情况	符合施工要求
参与工程建设各方质量责任制落实情况	在抽查中未发现质量责任制不落实的情况
勘察设计、监理单位,分别提出的工程专项验收检查报告和质量评估报告情况	均已提出质量检查报告
工程竣工验收监督意见	该工程竣工验收组织形式、验收程序、参加人员资格和质量验收规范的执行情况均符合要求,评定结果符合实际
对工程遗留质量缺陷的监督意见	工程质量遗留问题已记录在验收会议纪要中,由建设单位、监理单位监督整改
监督机构意见	同意报备案机关备案

监督机构签证			
	姓名	专业	签证时间
		证件编号	
监督工程师或负责人	×××	市政	2004.10.4
		00025	
监督人员	×××	市政	2004.10.4
		00010	
	×××	市政	2004.10.4
		00018	
监督机构			××× 2004年10月5日 (公章)

5.13 建设工程竣工验收备案表

建设工程竣工验收备案表

编号：

工程项目名称	新华道三水一路及路灯		
建 设 单 位	市市政设施管理处	申 报 人	程某
施 工 单 位	市市政建设总公司		
设 计 单 位	市规划建筑设计院		
施工图审查机构	设计事务审查所		
监 理 单 位	市监理公司		
规划许可证号	2004-0010	施工许可证号	2004-0001
所需文件审核情况（并将资料原件附后）	资料齐全，有关资料原件或复印件附后		
文 件 名 称	编 号	核发机关、日期	
竣工验收报告		市管处 2004.9.30	
规划验收合格证	2004-0010	规划局 2004.9.19	
消防验收意见书			
环保验收合格证			
档案专项验收认可书	2004-05	档案馆 2004.10.10	
工程质量保修书		甲、乙方 2004.9.16	
以下由建设行政主管部门填写			
质量监督报告	同意报备案机关备案		
备案情况	已备案：文件收讫 经办人（签字）：××× 负责人（盖章）××× 2004年10月13日 2004年10月14日		

5.14 建设工程竣工验收备案证明书

河北省建设工程竣工验收备案证明书
（正本）

根据国务院《建设工程质量管理条例》和建设部《房屋建筑工程和市政基础设施工程竣工验收备案管理暂行办法》，<u>新华道三水一路及路灯</u>工程，经建设单位<u>某市市政设施管理处</u>，于<u>2004</u>年<u>9</u>月<u>30</u>日组织设计、施工、工程监理和有关专业工程主管部门验收，并于<u>2004</u>年<u>10</u>月<u>14</u>日备案。

特此证明。

备案机关：（公章）
日期：2004年10月14日

《建设工程质量管理条例》释义

(2000年3月)

第一章 总　则

《建设工程质量管理条例》(以下简称《条例》)第一章《总则》部分共六条,主要内容包括制定《条例》的目的和依据;《条例》所调整的对象及适用范围;建设工程质量的责任主体;建设工程质量监督管理的主体;以及为保证建设工程质量,工程建设必须遵守的程序要求;国家增大采用先进科学技术和管理方法,以提高建设工程质量。

第一条　为了加强对建设工程质量的管理,保证建设工程质量,保护人民生命和财产安全,根据《中华人民共和国建筑法》,制定本条例。

［释义］　本条是关于条例立法目的和制定依据的规定。

《建设工程质量管理条例》是《中华人民共和国建筑法》颁布实施后制定的第一部配套的行政法规,也是我国第一部建设工程质量条例。

建设工程是人们日常生活和生产、经营、工作的主要场所,是人类生存和发展的物质基础。建设工程的质量,不但关系到生产经营活动的正常运行,也关系到人民生命财产安全。改革开放以来,随着我国国民经济的持续、快速发展,固定资产投资一直保持了较高的增长水平,工程建设规模逐年扩大,工业、民用、交通、城市基础设施等建设项目遍布城乡。大量基础设施项目的建设,为我国经济提供了发展基础和蓬勃的活力。特别是1998年以来,面对亚洲金融危机的冲击,中央作出扩大内需,加快基础设施建设的重大决策,增发国债,集中用于农林水利、交通通讯、城乡电网、经济适用房和城市基础设施等方面的建设。党中央、国务院对基础设施和各种建设工程的质量问题极为关心，多次强调质量责任重于泰山，要抓好工程质量，决不能搞"豆腐渣工程"。建设工程一旦出现质量问题，特别是发生重大垮塌事故，危及人民生命财产安全，损失巨大，影响恶劣，因此，百年大计，质量第一，必须确保建设工程的安全可靠。

从总体上看，我国基础设施建设和重大工程的质量是好的。一批国家重点工程和大中型基础设施建设项目的质量稳步提高，建成了一批高难度、高质量的工程项目，如上海杨浦大桥、金茂大厦、深圳地王大厦、江阴长江公路大桥、黄河小浪底枢纽工程、京郑铁路电气化工程等，有的达到或接近国际先进水平；一般的民用工程的质量合格率也在逐年提高，还建成了一批示范小区。但是，建设工程质量方面存在的问题也相当突出，一是，工程垮塌事故时有发生，给国家财产和生命安全造成了巨大的损失。二是，一些民用建筑工程特别是住宅工程，影响使用功能质量通病比较普遍，已成为群众投诉的热点。三是，不仅在建工程存在着质量问题，更令人担忧的是前几年已建成并在使用的一些工程也有质量问题，甚至有的还存在影响结构安全的重大隐患。因此，进一步提高工程质量水平，确保建设工程的安全可靠，保证人民的生命财产安全，加强工程质量监督管理已成为全社会的要求和呼声。

1998年3月，《中华人民共和国建筑法》正式施行。保证建设工程质量和安全，是《建筑法》的主要立法目的之一。《建筑法》对建筑施工许可、建筑工程发包与承包、建筑安全生产管理、建筑工程质量管理等主要方面做出原则规定，对加强建筑工程质量管理发挥了积极的作用。为了对《建筑法》确立的一些制度和法律责任作出更进一步的规定，对参与建筑活动的各方主体的责任和义务予以明确，对处罚的额度予以明确，以更便于实际执行，进一步增强执法的力度，有必要制定《建设工程质量管理条例》。

第二条　凡在中华人民共和国境内从事建设工程的新建、扩建、改建等有关活动及实施对建设工程质量监督管理的，必须遵守本条例。

本条例所称建设工程，是指土木工程、建筑工程、线路管道和设备安装工程及装修工程。

［释义］　本条是关于《条例》适用范围和调整对象的规定。

（一）《条例》明确了调整对象、为从事建设工程的新建、扩建、改建等有关活动和实施对建设工程质量监督管理这两个方面活动的主体。

1. 从事建设工程的新建、扩建、改建活动的单位和个人。建设工程活动包括新建、改建、扩建等活动。所谓新建，是指从基础开始建造的建设项目。按照国家规定也包括原有基础很小，经扩大建设规模后，其新增固定资产价值超过原有固定资产价值三倍以上，并需要重新进行总体设计的建设项目；迁移厂址的建设工程（不包括留在原厂址的部分），符合新建条件的建设项目。所谓扩建，是指在原有基础上加以扩充的建设项目；包括扩大原有产品生产能力、增加新的产品生产能力以及为取得新的效益和使用功能而新建主要生产场所或工程的建设活动；对于建筑工程，扩建主要是指在原有基础上加高加层（需重新建造基础的工程属于新建项目）。所谓改建，是指不增加建筑物或建设项目体量，在原有基础上，为提高生产效率，改进产品质量，或改变产品方向，或改善建筑物使用功能、改变使用目的，对原有工程进行改造的建设项目。装修工程也是改建。企业为了平衡生产能力，增加一些附属、辅助车间或非生产性工程，也属于改建项目。在改建的同时，扩大主要产品的生产能力或增加新效益的项目，一般称为改扩建项目。从事以上各项建设活动的单位和个人，要按照《条例》的规定，承担相应的责任和义务。

2. 调整对象还包括对建设活动实施监督管理的政府及主要部门，或其委托的有关机构。以上部门或机构在实施对建设工程进行监督管理活动时，必须按照本《条例》所规定的职责和权限进行,依法行政,不能滥用职权。

《条例》的适用范围是在中华人民共和国境内(不包括香港、澳门两个特别行政区和台湾地区)从事的建设工程活动和监督管理活动。对于建设工程活动来讲,无论投资主体是谁,也无论建设工程项目的种类,只要在中华人民共和国境内实施,都要遵守本《条例》。

(二)本条第二款对于建设工程做出了解释:建设工程是指土木工程、建筑工程、线路管道、设备安装工程及装修工程。这里所指的土木工程包括矿山、铁路、公路、隧道、桥梁、堤坝、电站、码头、飞机场、运动场、营造林、海洋平台等工程;建筑工程是指房屋建筑工程,即有顶盖、梁柱、墙壁、基础以及能够形成内部空间,满足人们生产、生活、公共活动的工程实体,包括厂房、剧院、旅馆、商店、学校、医院和住宅等工程;线路、管道和设备安装工程包括电力、通信线路、石油、燃气、给水、排水、供热等管道系统和各类机构设备、装置的安装活动;装修工程包括对建筑物内、外进行以美化、舒适化、增加使用功能为目的工程建设活动;本《条例》第十五条对涉及建筑主体和承重结构变动的装修工程,作出了特别规定,对违反该规定的,在罚则部分还给予了相应处罚。

第三条 建设单位、勘察单位、设计单位、施工单位、工程监理单位应当依法对建设工程质量负责。

[释义] 本条是关于各类工程建设责任主体依据法律对工程质量各负其责的规定。

在建设工程的建设过程中,影响工程质量的责任主体主要有:

1. 建设单位,是建设工程的投资人,也称"业主"。建设单位是工程建设项目建设过程的总负责方,拥有确定建设项目的规模、功能、外观、选用材料设备、按照国家法律法规规定选择承包单位等权力。建设单位可以是法人或自然人,包括房地产开发商。

2. 勘察单位，是指已通过建设行政主管部门的资质审查，从事工程测量、水文地质和岩土工程等工作的单位。勘察单位依据建设项目的目标，查明并分析、评价建设场地和有关范围内的地质地理环境特征和岩土工作条件，编制建设项目所需的勘察文件，提供相关服务和咨询。

3. 设计单位，是指经过建设行政主管部门的资质审查，从事建设工程可行性研究、建设工程设计、工程咨询等工作的单位。设计是依据建设项目的目标，对其技术、经济、资源、环境等条件进行综合分析，制定方案，论证比选，编制建设项目所需的设计文件，并提供相关服务和咨询。

4. 施工单位，是指经过建设行政主管部门的资质审查，从事土木工程、建筑工程、线路管理设备安装、装修工程施工承包的单位。

5. 工程监理单位，是指经过建设行政主管部门的资质审查，受建设单位委托，依照国家法律规定要求和建设单位要求，在建设单位委托和范围内对建设工程进行监督管理的单位。

建设工程项目，具有投资大、规模大、建设周期长、生产环节多、参与方多，影响质量形成的因素多等特点，不论是哪个主体出了问题，哪个环节出了问题，都会导致质量缺陷、甚至重大质量事故的产生。譬如，如果建设单位发包给不具备相应资质等级的单位承包工程，或指示施工单位使用不合格的建筑材料、构配件和设备，或者勘察单位提供的水文地质资料不准确，或设计单位计算错误，设备选型不准，或者施工单位不按图施工，或者工程监理单位不严格进行隐蔽工程检查等，都会造成工程质量出现缺陷，或导致重大事故。因此，建设工程质量管理最基本的原则和方法就是建立健全质量责任制，有关各方对其本身工作成果负责。《条例》在第二、三、四、五章中分别规定了建设单位、勘察设计单位、施工单位、工程监理单位的质量责任和义务，建设工程的各参与单位在进行建设工程活动中必须按照《条例》的规定承担责任和义务。

建筑材料、建筑构配件、设备的质量,也与工程质量有直接关系。考虑到(1)建筑材料、建筑构配件、设备的质量属《产品质量法》调整范围;(2)《条例》第十条、第二十二条、第二十九条,已从不同角度对建筑材料、建筑构配件、设备提出了要求,因此,《条例》没有专门设置"建筑材料、建筑构配件、设备的生产者供应单位的质量责任和义务"一章。但在理解和实际运用中,应与《产品质量法》和建设部《建设工程质量管理办法》(建设部29号令)第六章结合起来。

第四条 县级以上人民政府建设行政主管部门和其他有关部门应当加强对建设工程质量的监督管理。

[释义] 本条是关于建设工程质量监督管理主体及其职责的规定。

本条有三层含义:一是规定了县级以上建设行政主管部门和其他有关部门是建设工程质量监督管理的主体。其他部门是指铁路、交通、水利等专业工程管理部门。二是规定了进行和其他有关部门。三是要求政府有关部门要强化对建设工程质量和监督管理。

建设工程质量,不仅关系到国家建设资金的有效使用,而且关系国家经济持续快速健康发展和人民群众生命财产安全,在社会主义市场经济条件下,政府必须对建设工程质量实行监督管理。从近年来的情况看,工程质量总体上是比较好的,但由于一些单位质量意识淡薄,缺乏必要的监督约束机制,工程建设的一些责任主体行为不规范,例如一些建设单位肢解发包工程,任意压级压价,压缩工期,有些工程不经验收就投入使用等;一些承包单位忽视质量管理,不严格执行国家强制性标准,有些甚至偷工减料,以次充好等,这些行为往往造成恶性工程质量事故,给国家和人民生命财产造成很大损失。因此,要确保建设工程质量,不但需要建设单位、勘察设计单位、施工单位、工程监理单位等责任主体各负其责,各级政府建设行政主管部门和其他有关部门还必须加强对工程建设参与各方主体的行为和工程质量监督管理，加强对有关法律、法规和强制性标准执行情况的检查。根据《建筑法》和《条例》规定，政府有关部门对工程质量的监督管理主要内容包括：对建设单位发包行为进行监督，对施工图文件进行审查，监督强制监理工程的执行情况，颁发施工许可证，对勘察、设计、施工、工程监理单位的承包（监理）行为的进行监督，对地基基础、结构主体质量进行检查，对竣工验收进行备案，对工程保修行为进行监督，受理单位和个人有关工程质量的检举、控告和投诉等。只有政府有关部门切实加强了对建设工程的监督管理，才能保证有关的法律、法规和强制性标准得以贯彻执行，各方主体的行为得以规范，工程质量才有可靠保证。

第五条 从事建设工程活动，必须严格执行基本建设程序，坚持先勘察、后设计、再施工的原则。

县级以上人民政府及其有关部门不得超越权限审批建设项目或者擅自简化基本建设程序。

[释义] 本条是对政府管理部门和各类建设主体必须遵守建设程序的规定。

（一）实践证明，按照基本建设程序进行工程建设，对保证建设工程质量具有重要意义。这里所指的基本建设程序，是指国务院有关部门在规范性文件和有关法律、法规中规定的进行工程建设各项工作的先后次序，反映了基本建设活动的客观规律。基本建设程序一般包括：（1）项目建议书，主要从宏观上衡量项目建设的必要性，评估其是否符合国家的长远方针和产业政策，同时初步分析建设的可行性；（2）可行性研究，它是运用多种科学成果和手段，对建设项目在技术、工程、经济、社会和外部协作条件等必要性、可行性、合理性进行全面论证分析，作多方案比选，推荐最佳方案，为决策提供科学依据；（3）立项审批，投资主管部门根据可行性研究报告和国家经济政策，作立项审批，列入国家固定资产投资计划；（4）规划审批，在城市规划区内的项目要向规划部门申请定点，核定其用地位置和界限，提供规划设计条件，核发建设用地规划许可证；（5）勘察，获取拟建项目的水文地质资料；(6)设计，根据立项审批的设计任务书和勘察结果编制设计文件；(7)施工，是将投资转化为现实生产力的实施阶段；(8)验收和交付，全面检查设计和施工质量，及时发现解决问题，保证按设计要求的技术经济指标正常生产，并分析概预算执行情况，考核投资效果各项指标，移交固定资产等。在以上每一个程序内，又包含若干子程序，如在设计环节，就有方案设计阶段、初步设计阶段、施工图设计阶段、设计审查等；在施工环节，就包含〈招标投标法〉中规定的招标投标的程序，即从招标、投档、评标、定标到签订合同等，还有《建筑法》中规定的建筑工程开工前，建设单位应当按照国家规定申请领取施工许可证的程序等。这些程序和规则，在进行工程建设的过程中都要必须严格遵守的。

在基本建设的一系列规定程序中，与工程质量的形成关系密切的是勘察、设计、施工三个阶段。勘察工作为设计提供地质、水文等情况，给出地基承载力，勘察成果文件是设计工作的基础资料，设计单位据此确定选用的结构形式，进行地基基础设计，向施工单位提供施工图，施工单位按图施工。可见，先勘察、后设计、再施工反映了建设活动自身的客观规律，决不能人为地破坏这一程序要求。近年来，一些单位违反基本建设程序，搞边勘察、边设计、边施工的"三边工程"，因地质情况不清，盲目设计，或因施工图纸不齐，盲目施工，从而引发质量事故的事例很多。

工程建设活动按照基本建设程序进行，对于保证建设工程质量起着两个方面的作用：一是使工程建设建立在可靠的可行性研究、勘察、设计工作的基础上，从而保证建设工程质量，二是使政府的监督管理能够得到落实。建设程序除了建设过程的自然要求，也反映了政府有关部门管理要求，遵守基本建设程序，实际上也是在接受政府有关部门的监督管理，从而保证建设工程质量。

(二) 本条的第二款对于县级以上人民政府及有关部门审批

建设工程项目和简化基本建设程序的行为进行了限制。按照我国目前的基本建设管理体制，根据建设工程项目的投资来源、规模、所在地方、所处阶段等，规定分别由不同的部门和地方进行程序审批。县级以上人民政府包括县级人民政府、地市级人民政府、省级人民政府和国务院。在审批建设工程项目和确定基本建设程序时县级以上人民政府及有关部门必须依法办事，不能滥用权力，越权审批，随意建设，违背或简化程序。近年来有些地方和部门不严格执行基建程序，一些项目不经可行性研究就盲目立项上马，建成后产品无销路，造成新的浪费；一些地方领导片面追求速度，搞"首长工程"、"献礼工程"，简化审批程序，给工程质量带来许多后遗症。根据本条规定，这些越权审批和简化程序的行为都是必须禁止的。

第六条　国家鼓励采用先进的科学技术和管理方法，提高建设工程质量。

[释义]　本条是关于国家鼓励在提高建设工程质量问题上采用先进的科学技术和管理方法的规定。

确保建设工程质量，一方面要建立有利于促进建设工程质量水平提高的体制和机制，制定保证建设工程质量的法律、法规，加强监督管理；另一方面要依靠科学，促进技术进步，积极采用新技术、新工艺、新材料等。科学技术是第一生产力，采用先进的科学技术和管理方法，不但能提高劳动生产率，同时也能有效地提高建设工程质量水平。先进的科学技术，包括勘察设计技术、施工技术、检测技术、先进的原材料和设备等，先进的管理方法也是科学。譬如在八十年代初期困扰建筑业的房屋渗漏问题，后来由于大量采用新型防水材料而基本得到治理；又如新型添加剂的使用大大提高了混凝土的强度和耐久性；再如最近几年全国建设系统大力贯彻 ISO 9000 标准，1200 多家建设企业通过了认证，改善了大中型企业的质量管理状况。改革开放以来，特别是九十年代以来，虽然我们相继建成了一批高、大、新、特的建设项目，其施工技术和质量状况达到了很高的水平，甚至在基本一些技术领域，如岩土工程、结构抗震、大型结构与设备整体吊装、预应力混凝土和大体积混凝土等达到或接近国际先进水平，但应该看到我国的工程设计咨询业和建筑业整体技术水平还不高，特别是建筑业技术装备率较低，仍属于劳动密集型行业；经营管理比较粗放，建筑业行业发展的角度，还是从提高建设工程质量水平的角度考虑，都必须加大采用先进科学技术和管理方法的力度，积极推广先进适用技术，积极探适合我国国情和行业特点的科学管理方法。

《条例》在总则一章中专门对采用先进的科学技术和管理方法作出规定，表明了国家对企业采用先进科学技术和管理方法的鼓励态度，也突出了科学技术和管理方法在确保工程质量中的重要性。

第二章 建设单位质量责任和义务

本章共十一条，规定了建设单位在工程建设活动中应承担的质量责任和义务。

《条例》全面规定了建设单位的质量责任和义务。随着国家投资体制的改革，投资主体日趋多元化，除了国家投资、国有企业投资，私人投资和外资（包括港澳台投资）日益增多，投资主体多元化带来利益多元化；同时，公有制投资普遍实行了项目法人责任制，投资主体以项目法人的形式参与市场经营活动。因此，必须加强对投资主体（建设单位）市场行为的管理。建设单位作为建设工程的投资人，是建设工程的重要责任主体。建设单位有权选择承包单位，有权对建设过程检查、控制，对工程进行验收，支付工程款和费用，在工程建设各个环节负责综合管理工作，在整个建设活动中居于主导地位。因此，要建设工程的质量，首先就要对建设单位的行为进行规范，对其质量责任予以明确。长期以来，对建设单位的管理一直是监督管理的薄弱环节，因建设单位行为不规范，直接或间接导致工程出现问题的情况屡屡发生。《条例》对建设单位质量责任和义务的规定为今后的监督管理工作提供了一个强有力的保证。

第七条 建设单位应当将工程发包给具有相应资质等级的单位。

建设单位不得将建设工程肢解发包。

[释义] 本条是关于建设单位应当将工程发包给具有相应资质条件的单位来承担，以及不得肢解发包的规定。

工程发包权是建设单位最重要的权力之一，建设单位切实用好这一权力，将工程发包给具有相应资质等级的单位来承担，是保证建设工程质量的基本前提。

（一）根据国家有关建设市场管理的规定，工程的勘察、设计必须委托给持有工商营业执照和相应资质等级证书的勘察、设计单位；工程的施工必须发包给持有工商营业执照和相应资质等级证书的施工企业。

建设活动不同于一般的经济活动，从业单位素质的高低直接影响着建筑工程质量和建筑安全生产。因此，从事建筑活动的单位必须符合严格的资质条件。企业资质等级反映了企业从事某项工作的资格和能力，是国家对建设市场准入管理的重要手段。建设部《工程勘察和工程设计单位资格管理办法》、《建筑业企业资质管理规定》、《工程勘察设计行业资质分级标准》、《建筑业企业资质等级标准》、《工程建设监理单位资质管理试行办法》对工程勘察单位、工程设计单位、建筑施工企业和工程监理单位的资质等级、资质标准、业务范围等作出了明确规定。根据这些规定，从事建筑活动的勘察、设计单位、建筑施工企业和工程监理单位应当具备以下五个方面的条件：

（1）有符合国家规定的注册资本。注册资本反映的是企业法人的财产权，也是判断企业经济实力的依据之一。从事经营活动的企业组织，都必须具备基本的责任能力，能够承担与其经营活动相适应的财产义务，这既是法律权利与义务相一致、利益与风险相一致原则的反映，也是保护债权人利益的需要。因此，勘察、设计单位、建筑施工企业和工程监理单位的注册资本必须适应从事建筑活动的需要，不得低于最低限额。

（2）有与其从事的建设活动相适应的具有法定执业资格的专业技术人员。建设活动是一种专业性、技术性很强的活动。因此，从事建设活动的勘察、设计单位、建筑施工企业和工程监理单位必须有足够的专业技术人员。设计单位不仅要有建筑，还需要有结构、水、电等方面的工程师。建筑施工企业不仅要有工程技术人员，而且要有经济、会计、统计等管理人员。建筑活动是一种涉及到人的生命和财产安全的一种特殊活动。因此，从事建设活动的专业技术人员还必须有法定执业资格。这几种法定执业资格必须依示通过考试和注册，才能取得。如工程设计文件必须由注册建筑师签字才能生效。如甲级建筑设计单位至少应有三名一级注册建筑师和三名一级注册结构工程师。乙级建筑设计单位至少应有一名一级注册建筑师和一名一级注册结构工程师。

（3）有从事相关建设活动所应有的技术装备。建设活动具有专业性、技术性强的特点，没有相应的技术装备无法进行。如从事建筑施工活动，必须有相应的施工机械设备与质量检测试验手段；从事勘察设计活动，必须有相应的勘察机具设备和设计机具仪器。因此，从事建筑活动的勘察、设计单位、建筑施工和工程监理单位必须有从事相关建筑活动所应有的技术装备。没有相应技术装备的单位，不得从事建设活动。

（4）有一定的从事相关格建设活动的业绩。从事建设活动，不但需要相应的技术装备，操作经验、管理经验也很重要，特别是完成某项工程的成套技术和管理经验，是企业的无形资产。因此，企业除了须满足了资金、人员、设备等硬件条件外，还必须具有一定的业绩。

（5）法律、行政法规规定的其他条件。如按照《民法通则》第三十七条规定，法人应当有自己的名称、组织机构和场所。按照《公司法》规定，设立从事建设活动的有限责任公司和股份有限公司，股东或发起人必须符合法定人数；股东或发起人共同制定公司章程（股份有限公司的章程还须经创立大会）；有公司名称，建立符合要求的组织机构；有固定的生产经营场所和必要的生产经营条件等。

目前，个别建设单位违反建设市场的有关管理规定，将建设工程发包给无资质，或资质等级不符合条件的承包企业，一方面扰乱了市场，更主要的是，因为承包企业不具备完成建设项目的资金和技术能力，使得项目半途而废，或质量低劣，受损失的还是建设单位。

（二）建设单位不得将建设工程肢解发包。

建设单位发包工程时，应该根据工程特点，以有利于工程的质量、进度、成本控制为原则，合理划分标段，不得肢解发包工程。根据本《条例》第七十八条的定义，肢解发包是指建设单位将应当由一个承包单位完成的建设工程分解成若干部分发包给不同的承包单位的行为。这一规定的目的在于限定建设单位发包工程的最小单位。按照国际惯例，建设单位在组织实施建设工程时，一般要确定一个总包单位来协调各分包的关系，或确定一个项目管理公司来协调各承包单位的关系，很少有建设单位把工程的设计分别委托几个单位，或把工程的施工分别发包给几个单位实施的。在我国建设市场中有一些建设单位将按其性质的技术联系应当由一个承包单位整体承包的工程，肢解成若干部分，分别发包给几个承包单位，由于建设单位一般不具备工程管理的专业知识和经验，使得整个工程建设在管理和技术上缺乏应有的统筹协调，往往造成施工现场秩序的混乱，责任不清，严重影响工程建设质量，出了问题也很难找到责任方。考虑到我国目前正处于从计划经济向市场经济的过渡过程中，建设单位的行为还不规范，利用肢解发包工程为手段进行不正当行为，不仅导致了某些个人的贪污犯罪，同时也危害了公共安全，因此，在本条中对建设单位禁止将建设工程肢解发包做了强制性规定。

第八条　建设单位应当依法对工程建设项目的勘察、设计、施工、监理以及与工程建设有关的重要设备、材料等的采购进行招标。

[释义] 本条是关于建设单位应当依法通过招标方式选择勘察、设计、施工、工程监理以及重要设备、材料的规定。

建设单位选择承包单位和材料供应单位,通常有两种方式:一是直接发包,即建设单位不经过价格比较,直接将工程的勘察、设计、施工、监理、材料设备供应等委托给有关单位。我国在计划经济时期的基本建设项目大部分采用这种方式确定承包单位和材料供应单位。在市场经济国家,一些私人投资的工程也采用这种方式发包工程第二种方式是招标采购,包括公开招标和邀请招标。招标是在市场经济条件下进行大宗货物的采购、工程建设项目的发包与承包、以及服务项目的采购与提供时最常采用的一种交易方式。以招标形式发包工程的,建设单位作为招标方,通过发布招标公告,或者向一定数理的特定承包商、供应商发出招标邀请等方式,发出招标采购的信息,提出所需采购项目的性质、数量、质量、技术要求、竣工期、交货期以及对承包商、供应商的资格要求等招标采购条件;表明将选择最能够满足采购要求的承包商、供应商与之签定承包合同或供应合同的意向,由各有意的承包商、供应商作为投标方,向招标方书面提出自己的报价及其他条件,参加投标竞争。经招标方对各投标者的报价和其他条件进行审查比较后,从中择优选定中标者,并与之签定合同。目前,市场经济国家所有的公共投资项目和大部分私人投资项目采用这种方式选择承包单位和材料供应单位。

采用招标方式选择承包单位和材料供应单位,有以下几方面的优点:一是招标单位通过对各投标竞争者的技术方案、以往业绩和其他条件进行比较,从中选择技术力量强、质量保证体系可靠、具有良好信誉的承包单位和材料供应单位,与其签定合同。这有利于选择到优秀的承包单位和供应单位;二是通过对施工投标单位的报价和设计单位的方案进行比较,选择到既能保证工程质量,报价又较低的承包单位和供应单位,有利于降低成本;是招标投标活动要求依照法定程序公开进行,有利于堵住工程发包活动中的行贿受贿等腐败和不正当竞争行为的黑洞,创造一个公平竞争的市场环境。

根据《招标投标法》有关强制招标的规定，在中华人民共和国境内进行下列工程建设项目的勘察、设计、施工、监理以及与工程建设有关的重要设备、材料等的采购，必须进行招标：

（一）大型基础设施、公用事业等关系社会公共利益、公众安全的项目；

（二）全部或者部分使用国有资金投资或者国家融资的项目；

（三）使用国际组织或者外国政府贷款，援助资金的项目。

强制招标，是指法律规定某些类型的采购项目，凡是达到一定数额的，必须通过招标进行，否则单位要承担法律责任。从各国的情况看，由于政府及公共部门的资金主要来源税收，提高资金的使用效率是纳税人对政府和公共部门提出的必然要求。因此，这些国家在政府采购、公共投资领域普遍推行招标投标制，要求政府投资项目、私人投资的基础设施项目必须实行竞争性招标，否则得不到财政资金的支持或审批部门的批准。世界银行、亚洲开发银行等国际金融组织的贷款资金，主要依靠在国际资本市场上筹措和各发达成员国捐款。因此，凡是使用其贷款资金进行的项目都必须招标，以保证奖金的有效使用和项目的公开进行，是这些国际组织对成员国提出的一项基本要求。世行、亚行还分别制定了专门的采购指南和采购准则，将这一要求用法律形式固定下来，成为受款方的一项注定义务。基于同样的道理，凡是利用外国政府贷款或援助资金的项目，也必须招标。我国是以公有制为基础的社会主义国家，建设资金主要来源于国有资金和共有经济组织的资金，必须发挥最佳经济效益。通过立法，把使用国有资金进行的建设项目纳入强制招标的范围，是切实保护国有资产的重要措施。

基于资金来源和项目性质方面的考虑，《招标投标法》将强制招标的项目界定为以下几项：

第一，大型基础设施、公用事业等关系社会公共利益、公众安全的项目。这是针对项目性质作出的规定。通常来说，所谓基础设施，是指为国民经济生产过程提供的基本条件，可分为生产性基础设施和社会性基础设施。前者指直接为国民经济生产过程提供的设施，后者指间接为国民经济生产过程提供的设施。基础设施通常包括能源、交通运输、邮电通信、水利、城市设施、环境与资源保护设施等。所谓公用事业，是指为适应生产和生活需要而提供的具有公共用途的服务，如供水、供电、供热、供气、科技、教育、文化、体育、卫生、社会福利等。从世界各国的情况看，由于大型基础设施和公用事业项目投资金额大建设周期长，基本上以国家投资为主。特别是大型公用事业项目，国家投资更是占了绝对比重。从项目性质上说，基础设施和公用事业项目大多关系社会公共利益和公众安全，为了保证项目质量，保护公民的生命财产安全，各国政府普遍要求进行招标，并制定了相关的法律。即使是私人投资于这些领域，也不例外。

第二，全部或部分使用国有资金投资或者国家融资的项目。这针对资金来源作出的规定。国有资金，是指国家财政性资金（包括预算内资金和预算外资金），国家机关、国有企事业单位和社会团体的自有资金及借贷资金。其中，国有企业包括国有独资企业及国有控股企业。国有控股企业包括国有资本占企业资本总额50％以上的企业以及虽不足50％但国有资产投资者实质上拥有控制权的企业。全部或部分使用国有资金投资的项目，是指一切使用国有资金（不论其在总投资中所占比例大小）进行的建设项目。国家融资的建设项目，是指使用国家通过对内发行证债券或向外国政府及国际金融机构借主权外债所筹资金进行的建设项目。这些以国家信用为担保筹集。由政府统一筹措、安排、使用、偿还的资金也应视为国有资金。

第三，使用国际组织或者外国政府贷款、援助资金的项目。如前所述，这类项目必须招标，是世行等国际金融组织和外国政府所普遍要求的。我国在与这些国际组织或外国政府签订的双边协议中，也对这一要求给予了认可，另外，这些贷款大多属于国家的主权债务，由政府统借统还，在性质上应视同国有资金投资。从我国目前的情况看，使用国际组织或外国政府贷款进行的项目主要有世界银行、亚洲开发银行、日本海外经济协力基金等，基本上用于基础设施和公用事业项目。基于上述原因，《招标投标法》将这类项目列入强制招标的范围。

上述三类项目的具体范围和规模标准，即投资额多大的项目需要施工招标，何种性质的工程需要施工招标，采购额多的设备、材料需要招标，什么品种的设备、材料需要招标，以及设计、监理如何招标投标等，由国务院发展计划部门会同国务院有关部门制定，报国务院批准后发文公布施行。

第四，法律或者国务院规定的其他必须招标的项目。随着招标投标制度的逐步建立和推行，我国实行招投标的领域不断拓宽，强制招标的范围还将根据实际需要进行调整。因此，除《招标投标法》外，其他法律和国务院对必须招标的项目有规定的，也应纳入强制招标的范围。

鉴于招标采购所具有的优越性，非强制招标项目在选择项目的勘察、设计、施工、工程监理单位和主要材料、设备供应单位时，也以采用招标采购的方式为宜。

以上建设项目的招投标活动，一般情况下均应当在建设工程承发包交易中心（或有形建筑市场）内进行。

实际工作中，勘察设计有别于施工、材料采购等活动，因此，建设工程项目的设计招标主要采用设计方案竞选方式。大型复杂的工程项目的设计招标一般采用征求建议书方式。设计方案评标主要是对该项设计，特别是对主导专业的设计方案进行评选。征求建议书评价，主要是对投标单位的业绩和信誉，参加该项工作的专业人员的资格和能力，以及勘察设计方案的优劣等因素进行综合评选。按有关规定，特殊项目的勘察设计经批准可以直接委托。

第九条　建设单位必须向有关的勘察、设计、施工、工程监理单位提供与建设工程有关的原始资料。原始资料必须真实、准确、齐全。

[释义] 本条是对建设单位必须向勘察、设计、施工、工程监理单位提供与建设工程有关原始资料，并保证这些资料真实、准确、齐全的规定。

所谓原始资料是勘察单位、设计单位、施工单位、工程监理单位赖以进行勘察作业、设计作业、施工作业、监理作业的基础性材料。建设单位作为建设活动的总负责方，向有关的勘察单位、设计单位、施工单位、工程监理单位提供原始资料，并保证这些资料的真实、准确、齐全、是其基本的责任和义务。

一般情况下，建设单位根据委托任务必须向勘察单位提供如勘察任务书、项目规划总平面图、地下管线、地下构筑物、地形地貌等在内的基础资料；向设计单位提供政府有关部门批准的项目建议书；可行性研究报告等立项文件，设计任务书，有关城市规划、专业规划设计条件，勘察成果及其他基础资料；向施工单位提供概算批准文件，建设项目正式列入国家、部门或地方年度固定资产投资计划，建设用地的征用资料，有能够满足施工需要的施工图纸及技术资料，建设资金和主要建筑材料、设备的来源落实资料，建设项目所在地规划部门批准文件，施工现场完成"三通一平"的平面图等资料。向工程监理单位提供的原始资料除包括给施工单位的资料外，还要有建设单位与施工单位签定的承包合同文本。

所谓真实是就原始资料的合法性而言的，指建设单位提供的资料的来源、内容必须符合国家有关法律、法规、规章、标准、规范和规程的要求，即必须是合法的，不得伪造、篡改；

所谓准确是就原始资料的科学性而言的，指建设单位提供的资料必须能够真实反映建设工程原貌，数据精度能够满足勘察、设计、施工、监理作业的需要。数据精度是相对而言的，譬如有关地质、水文资料，只能依据现在规范、规程和科学技术水平得出相对精确的数据，不可能得出绝对精确的数据；

所谓齐全是就原始资料的完整性而言的，指建设单位提供的资料的范围必须能够满足进行勘察、设计、施工、监理作业的需要。

因此，按照本条规定，建设单位必须为勘察单位、设计单位、施工单位、工程监理单位提供为使其完成承包业务需要的原始资料，并保证这些资料的真实、准确、完整。因原始资料的不真实、不准确、不完整造成工程质量事故，建设单位要承担相应的责任。

第十条 建设工程发包单位不得迫使承包方以低于成本价格竞标，不得任意压缩合理工期。

建设单位不得明示或暗示设计单位或者施工单位违反工程建设强制性标准，降低建设工程质量。

［释义］本条是对建设单位在发包工程中不合理干预行为的限制规定。

（一）建设单位（发包方）不得迫使承包方以低于成本价格竞标，这里的承包方包括勘察、设计、施工和工程监理单位。成本是构成价格的主要部分，是承包方估算投标价格的依据和最低的经济界限。承包方的直接成本和间接成本之和构成了成本，成本加税金和预期利润等构成了承包方的投标报价。这里的成本，是指投标人为完成投标项目所需支出的个别成本。成本一般可分为行业平均成本和企业个别成本行业平均成本是由各级工程造价管理机构发布的各类定额和相配套的费用标准及信息价等。行业平均成本是政府对建设市场价格的宏观调控，引导发承包双方进行公平竞争，合理确定工程价格的基础。而由于技术水平、管理水平的不同，即使完成同样的工程项目，每个企业的个别成本也不可能完全相同。管理水平高、技术先进的投标人，生产、经营成本低，有条件以较低的报价参加投标竞争，这是其竞争实力强的表现。

一般情况下，企业要生存，要发展，承包单位不会以低于成本的价格竞标，会在报价中考虑利润。在一些极为特殊的情况下，如为了扩大市场占有率，或为了争取到更大的后续工程，承包单位也会自觉地降低报价，甚至以低于成本的价格竞标，但这种行为必须是自觉的、主动的,建设单位不能迫使承包单位以低于其企业个别成本的报价竞标。

这一规定对保证建设工程质量至关重要。实际工作中,个别建设单位一味强调降低成本,节约开支,压级压价,如要求甲级设计单位按乙级资质取费,一级施工单位按二级资质取费,或迫使投标方互相压价,最终承包单位以低于其成本的价格中标。而中标的单位在承包工程后,为了减少开支,降低成本,往往采取偷工减料、以次充好、粗制滥造等手段,致使工程出现质量问题,影响工程效益的发挥,最终受损害的仍是建设单位。

目前,我国规定的勘察、设计收费标准是计划经济向市场经济转轨过程中的过渡标准,应视为工程竞标的最低成本价,建设单位不得迫使勘察、设计单位以低于成本的价格竞标。

建设单位不得任意压缩合理工期。合理工期是指在正常建设条件下,采取科学合理的施工工艺和管理方法,以现行的建设行政主管部门颁布的工期定额为基础,结合项目建设的具体情况,而确定的使投资方、各参加单位均获得满意的经济效益的工期,合理工期要以工期定额为基础确定,但不一定与定额工期完全一致,可依施工条件等作适当调整,这是因为定额工期反映的是社会平均水平,是经选取的各类典型工程经分析整理后综合取得的数据,由于技术的进步,完成一个既定项目所需的时间会缩短,工期会提前。判断工期是否合理的关键是使投资方、各参建单位都获得满意的经济效益。建设单位不能为了早日发挥项目的效益,迫使承包单位大量增加人力、物力投入、赶工期,损害承包单位的利益。实际工作中,盲目赶工期,简化工序,不按规程操作,导致建设项目出现问题的情况很多,这是应该制止的。

(二)建设单位不得明示或暗示设计单位或施工单位违反工程建设强制性标准。

按照国家有关规定,保证结构完全和功能的标准大多数属强制性标准。强制性标准包括:

1. 工程建设勘察、规划、设计、施工(包括安装)及验收等通用的综合标准和重要的通用的质量标准；

2. 工程建设通用的有关安全、卫生和环境保护的标准；

3. 工程建设重要的通用术语、符号、代号、量与单位、建筑模数和制图方法标准；

4. 工程建设重要的通用试验、检验和评定方法等标准；

5. 工程建设重要的通用信息技术标准；

6. 国家需要控制的其他工程建设通用的标准。

强制性标准是保证建设工程结构安全可靠的基础性要求，违反了这类标准，必然会给建设工程带来重大质量隐患。在实践中，一些建设单位为了自身的经济利益，明示或暗示承包单位违反强制性标准的要求，降低了工程质量标准，如要求设计单位减少层高，增大容积率；要求施工单位采用建设单位采购的不合格材料设备等，这种行为是法律所不允许的。

强制性标准以外的标准是推荐性标准。对于这类标准，甲乙双方可根据情况选用，并在合同中约定，一经约定，甲乙双方在勘察、设计、施工中也要严格执行。

第十一条　建设单位应当将施工图设计文件报县级以上人民政府建设行政主管部门或者其他有关部门审查。施工图设计文件审查的具体办法，由国务院建设行政主管部门会同国务院其他有关部门制定。

施工图设计文件未经审查批准的，不得使用。

［释义］　本条是关于施工图设计文件审查制度的规定。

这一条规定是政府对建设工程设计质量进行质量监督的新的内容，按照这一规定，施工图设计文件审查成为基本建设必须进行的一道程序，建设单位应严格执行。

（一）施工图设计文件是设计文件的重要内容，是编制施工图预算、安排材料、设备定货和非标准设备制作，进行施工、安装和工程验收等工作的依据，施工图设计文件一经完成，建设工程最终所要达到的质量，尤其是地基基础和结构的安全性就有了约束，因此施工图设计文件的质量直接影响建设工程的质量。

在市场经济条件下，由于市场竞争的原因，设计单位常常受制于建设单位，违心地服从建设单位提出的不合理要求，违反国家和地方和有关规定和强制性标准、规范，有的建设单位规划报批方案与施工图设计文件不符，搞两张皮，边设计、边施工的现象也时有发生，这都会影响到实际的设计质量。而一旦发现设计的质量问题，往往已经开始施工甚至开始使用，这将带来巨大的损失。因此对施工图设计文件开展审查，既是对设计单位的成果进行质量控制，也能纠正参与建设活动各方的不规范行为，而且审查是在施工图设计文件完成之后，交付施工之前进行，这样就可以有效地避免损失，保证建设工程的质量。

施工图设计文件审查制度的建立和实施也是许多发达国家确保工程建设质量的成功做法，不少国家均有完善的设计审查制度。我国自1998年开始了建筑工程项目施工图设计文件审查试点工作，通过审查在节约投资、发现设计质量隐患和市场违法违规行为等方面都有明显的成效。

《建筑施工程图设计文件审查暂行办法》已经印发，按照《办法》规定，建筑工程的建设单位应当将施工图报送建设主管部门，由建设行政主管部门委托有关审查机构审查。审查的主要内容为：1. 建筑物的稳定性、安全性审查，包括地基基础和主体结构体系是否安全、可靠；2. 是否符合消防、节能、环保、抗震、卫生人防等有关强制性标准规范；3. 施工图是否能达到规定的深度要求；4. 是否损害公众利益。凡应当审查而未经审查或者审查不合格的施工图项目，建设行政主管部门不得发放施工许可证，施工图不得交付施工。施工图审查工作所需经费，由建设单位支付，在国家尚未制定明确的标准之前，由省、自治区、直辖市人民政府建设行政主管部门按当地有关部门确定。经过审查的项目，审查机构只负相应的审查责任，但不代替原设计单位应该承担的设计质量责任《办法》还同时对审查机构的设立，审查工作的程序和管理作出了规定。

（二）根据本条第二款的规定，施工图设计文审查是基本建设的一项法定程序。建设单位必须在施工前将施工图设计文件送政府有关部门审查，未经审查或审查不合格的，不准使用，否则，将追究建设单位的法律责任。

第十二条 实行监理的建设工程，建设单位应当委托具有相应资质等级的工程监理单位进行监理，也可以委托具有工程监理相应资质等级并与被监理工程的施工承包单位没有隶属关系或者其他利害关系的该工程的设计单位进行监理。

下列建设工程必须实行监理：

（一）国家重点建设工程；

（二）大中型公用事业工程；

（三）成片开发建设的住宅小区工程；

（四）利用外国政府或者国际组织贷款、援助资金的工程；

（五）国家规定必须实行监理的其他工程。

［释义］ 本条是对监理工作委托与承接，以及强制监理的工程范围的规定。

（一）监理工作要求监理人员有较高的技术水平和较丰富的工程经验，因此国家对开展工程监理工作的单位实行资质许可，工程监理单位的资质反映了该单位从事某项监理式工作的资格和能力，是国家对工程监理市场准入管理的重要手段，只有获得相应资质证书的单位才具备保证工程监理工作质量的能力，因此建设单位必须将需要监理的工程委托给具有相应资质等级的工程监理单位进行监理。

目前，工程监理主要是对工程的施工过程进行监督，因设计人员对设计意图比较了解对设计中各专业如结构、设备等在施工中可能发生的问题也比较清楚，而工程施工的质量保证也是对设计质量的肯定，因此由具有监理资质的设计单位对自己设计的工程进行监理，对保证工程质量十分有利，条例在本条对此专门作出规定。

本条中的隶属关系是指设计单位与施工单位有行政上下级关系，其他利害关系主要是指设计单位和施工单位之间存在的可能直接影响设计单位监理工作公正性的非常明显的经济或其他利益关系。

（二）本条还对必须实行监理的四类工程进行了规定，它们是国家重点工程，大中型公用事业工程，成片开发建设的住宅小区工程，利用外国政府或者国际组织贷款、援助资金的工程，这四类工程一般由国家投资，或由国家担保的外资投资，与国民经济发展和人民生活关系密切，必须强制实行监理。强制监理工程具体标准的划分，将由国务院建设行政主管部门报国务院批准后颁布执行。

第十三条 建设单位在领取施工许可证或者开工报告之前，应当按照国家有关规定办理工程质量监督手续。

［释义］ 本条是关于建设单位应当办理工程质量监督手续的规定。

施工许可制度是指建设行政主管部门依法对建筑工程是否具备施工条件进行审查，符合条件的准许其开始施工的一项制度。制定这一制度的目的是通过对建筑工程施工所应具备的基本条件的审查，避免不具备条件的工程盲目开工，给相关当事人造成损失和社会财富的浪费，保证建筑工程开工后的顺利建设。根据《建筑工程施工许可管理办法》（建设部71号部令）明确规定，在中华人民共和国境内从事各类房屋建筑及其附属设施的建造、装修装饰和与其配套的线路、管道、设备的安装，以及城镇市政基础设施工程的施工，工程投资额在30万元以上或者建筑面积在 $300m^2$ 以上的建筑工程，申请办理施工许可证（按照国务院规定的权限和程序批准开工报告的建筑工程，不再领取施工许可证）。建设单位在开工前应当依照本办法的规定，向工程所在地的县级以上人民政府建设行政主管部门（以下简称发证机关）申请领取施工许可证。

必须申请领取施工许可证的建筑工程未取得施工许可证的，一律不得开工。

建设单位在领取施工许可证或者开工报告之前，应当按照国家有关规定，到建设行政主管部门或国务院道路、交通、水利等有关部门或其委托的建设工程质量监督机构或专业工程质量监督机构（简称为：工程质量监督机构）办理工程质量监督手续，接受政府部门的工程质量监督管理。

建设单位办理工程质量监督手续时应提供以下文件和资料：

1. 工程规划许可证；
2. 设计单位资质等级证书；
3. 监理单位资质等级证书，监理合同及《工程项目监理登记表》；
4. 施工单位资质等级证书及营业执照副本；
5. 工程勘察设计文件；
6. 中标通知书及施工承包合同等。

工程质量监督机构收到上述文件和资料后，进地审查，符合规定的，办理工程质量监督注册手续，签发监督通知书。

建设单位在办理工程质量监督手续的同时，按照国家有关规定缴纳建设工程质量监督费用。

根据本条规定，办理工程质量监督手续是法定程序，不办理监督手续的，县级以上人民政府建设行政主管部门和其他专业部门不发施工许可证，工程不得开工。

第十四条 按照合同约定，由建设单位采购建筑材料、建筑构配件和设备的，建设单位应当保证建筑材料、建筑构配件和设备符合设计文件和合同要求。

建设单位不得明示或者暗示施工单位使用不合格的建筑材料、建筑构配件和设备。

［释义］ 本条是关于建设单位应对其采购的建筑材料、建筑构配件和设备的质量负责的规定，以及建设单位不得指示施工单位使用不合格建筑材料、建筑配件和设备规定。

（一）对于建设单位采购材料、设备是否合理，存在着两种观点，一种观点认为，目前建筑市场混乱是乱在建设单位，建设单位利用其材料采购权，提供假冒伪劣商品，是工程质量问题的内在根源,因此应严格禁止建设单位材料采购权,这样也有利于施工单位承担完全的质量责任;另一种观点认为,建设单位供料是国际上通行的做法,由于工程的建设投资、投资效益的回收以及工程质量后果都由建设单位承担,因此建设单位有权选择自己认为合格、合适的材料,立法上不应禁止建设单位的材料设备采购权,根据《合同法》的规定,发包方可以按合同提原材料,在国际工程承包合同中,发包方负责采购原材料及设备也是通常的惯例;在国际上大型承包合同中,发包方常常委托专门的材料设备供应公司负责整个工程的材料设备供应工作,并签订《材料设备供应合同》,作为保证《建设工程承包合同》得以顺利执行的重要条件,鉴于以上因素,《条例》吸收了上述两种观点的合理内容,对本条作了这样的规定:即以符合设计文件和合同要求的质量标准为前提,对于哪些材料和设备由建设单位采购,哪些材料和设备由施式单位采购,要在合同中约定,谁采购的材料,谁负责保证其质量。

为保证建筑材料和设备的质量符合合同和设计的要求,《建设工程施工合同(示范文本)》(GF—1999—0201)对建设单位采购建筑材料、建筑构配件和设备提出了一些具体的操作指南:

1. 实行发包人(即建设单位)供应材料设备的,双方应当约定发包人供应材料设备的一览表,一览表包括发包人供应材料设备的品种、规格、型号、数量、单价、质量等级、提供时间和地点。

2. 发包人按一览表约定的内容提供材料设备,并向承包人提供产品合格证明,对其质量负责。发包人在所供材料设备到货前24小时,以书面形式通知承包人,由承包人派人与发包人共同清点。

3. 发包人供应的材料设备,承包人派人参加清点后由承包人妥善保管,发包人支付相应保管费用。因承包人原因发生丢失损坏,由承包人负责赔偿。

发包人未通知承包人清点,承包人不负责材料设备的保管,丢失损坏由发包人负责。

4. 发包人供应的材料设备与一览表不符时，发包人承担有关责任。发包人应承担责任的具体内容，双方根据下列情况在专用条款内约定。

(1) 材料设备单价与一览表不符，由发包人承担所有差价；

(2) 材料设备的品种、规格、型号、质量等级与一览表不符，承包人可拒绝接收保管，由发包人运出施工场地并重新采购；

(3) 发包人供应的规格、型号与一览表不符，经发包人同意，承包人可代为调剂串换，由发包人承担相应费用；

(4) 到货地点与一览表不符，由发包人负责运至一览表指定地点；

(5) 供应数量少于一览表约定的数量时，由发包人补齐，多于一览表约定数量时，发包人负责将多出部分运出施工场地；

(6) 到货时间早于一览表约定时间，由发包人承担因此发生的保管费用；到货时间迟于一览表约定的供应时间，发包人赔偿由此造成的承包人的损失，造成工期延误的，相应顺延工期；

5. 发包人供应的材料设备使用前，由承包人负责检验或试验，不合格的不得使用，检验或试验费用由发包人承担。

6. 发包人供应材料设备的结算方法，双方在专用条款内约定。

根据以上规定，对建设单位供应的材料和设备，在使用前，承包单位要对其进行检验和试验，如果不合格，不得在工程上使用，并通知建设单位予以退换。

(二) 有些建设单位在得知其供应的材料设备不合格后，为了赶进度，或为了降低采购成本，仍以各种明示或暗示的方式要求施工单位降低标准，在工程上使用，本条对此作了禁止性规定，按照本条规定，建设单位指示施式单位使用不合格建筑材料、建筑构配件和设备，是一种严重的违法行为。

第十五条　涉及建筑主体和承重结构变动的装修工程，建设单位应当在施工前委托原设计单位或者具有相应资质等级的设计单位提出设计方案；没有设计方案的，不得施工。

房屋建筑使用者在装修过程中，不得擅自变动房屋建筑主体和承重结构。

［释义］ 本条是关于涉及建筑主体和承重结构变动的装修工程要有设计方案的规定。

随着我国经济的发展和城乡居民生活条件的改善，房屋建筑的装修活动规模不断扩大，但也出现了某些单位和个人随意拆改建筑主体结构和承重结构等，危及建筑工程安全和公民生命财产安全的问题。因此《条例》对此做出明确规定，加以规范是非常必要的。

（一）对建筑工程进行必要的装修作业，是满足建筑工程使用功能和美观的重要施工活动。一般的装修工程，只是对小型、轻型材料和构件进行拆除和安装，不涉及建筑主体和承重结构的变动。但也有一些装修工程，为了满足特定的使用目的，要对结构主体和承重结构进行改动。对于这项装修工程的施工，如果没有法律法规约束，任何单位和个人都随意对建筑主体和承重结构变动和装修，并且又是在没有设计方案的前提下，擅自施工，则必将给工程带来质量隐患或者质量问题，后果是十分严重的。有关这方面的实例，在我国屡见不鲜。因此，涉及建筑主体和承重结构的装修工程施工，必须依据设计方案进行。设计方案是施工依据。《条例》特别强调，对于涉及建筑主体和承重结构变动的装修工程，没有设计方案的，不得施工，以保证安全。

建筑设计方案是根据建筑物的功能要求，具体确定建筑标准、结构形式、建筑物的空间和平面布置以及建筑群体的安排。涉及建筑主体和承重结构变动的装修工程，设计单位会根据结构形式和特点，对结构受力进行分析，对构件的尺寸、位置、配筋等重新进行计算和设计。因此，建设单位应当委托该建筑工程的原设计单位或者具有相应资质条件的设计单位提出装修工程的设计方案。原设计单位对建设工程的情况、结构形式等比较熟悉，一般情况下应委托其进行该建设工程的装修设计，在难以委托原设计单位的情况下，应委托与原设计单位有同等或以上资质的设计单位承担设计任务。

（二）本条第二款专门对房屋使用者在装修过程中的行为进行了规定。房屋建筑使用者，这里当然也包括已购公房、商品房的所有者，在进行家庭装修过程中，不得擅自变动房屋建筑主体和承重结构，如拆除隔墙，窗洞改门洞等，都是不允许的，至于哪些部位是承重结构，以及装修中应注意的其他事项，在房地产开发企业提供给用户的《住宅使用说明书》中作了说明。

第十六条 建设单位收到建设工程竣工报告后，应当组织设计、施工、工程监理等有关单位进行竣工验收。

建设工程竣工验收应当具备下列条件：

（一）完成建设工程设计和合同约定的各项内容；

（二）有完整的技术档案和施工管理资料；

（三）有工程使用的主要建筑材料、建筑构配件和设备的进场试验报告；

（四）有勘察、设计、施工、工程监理等单位分别签署的质量合格文件；

（五）有施工单位签署的工程保修书。

建设工程经验收合格的，方可交付使用。

［释义］ 本条是对工程竣工后建设单位组织验收，竣工验收应具备的条件，以及验收合格后方可使用的规定。

工程项目的竣工验收是施工全过程的最后一道程序，是建设投资成果转入生产或使用的标志，也是全面考核投资效益、检验设计和施工质量的重要环节。

（一）对工程进行竣工检查和验收，是建设单位的权利和义务。建设工程完工后，承包单位应当按照国家竣工验收有关规定，向建设单位提供完整的竣工资料和竣工验收报告，请建设单位组织竣工验收。建设单位收到竣工验收报告后，应及时组织有设计、施工、工程监理单位参加的竣工验收，检查整个建设项目是否已按设计要求和合同约定全部建设完成,已符合竣工验收条件,有时为了及早发挥项目的效益,也可对工程进行单项验收,即在一个总体建设项目中,一个单项工程或一个车间已按设计要求建设完成,能满足生产要求或具备使用条件,施工单位已预验,监理工程师已初验通过。在此条件下建设单位可组织进行单项验收。由几个施工单位负责施工的单项工程,当其中一个单位所负责的部分已按设计完成,也可组织正式验收,办理交工手续。在整个项目进行全部验收时,对已验收过的单项工程,可以不再进行验收和办理验收手续,但应将单项工程验收单作为全部工程验收的附件而加以说明。

(二)建设工程竣工验收的条件。

根据本条规定,建设单位收到建设工程竣工报告后,应当根据施工图纸及说明书、国家颁发的施工验收规范和质量检验标准,及时组织设计、施工、工程监理等有关单位进行竣工验收。交付竣工验收的建筑工程,应当符合以下条件:

1. 完成建设工程设计和合同约定的各项内容,建设工程设计和合同约定的内容,主要是指设计文件所确定的、在承包合同"承包人承揽工程项目一览表"中载明的工作范围,也包括监理工程师签发的变更通知单中所确定的工作内容。承包单位必须按合同约定,按质、按量、按时完成上述工作内容,使工程具有正常的使用功能。

2. 有完整的技术档案和施工管理资料。工程技术档案和施工管理资料是工程竣工验收和质量保证的重要依据之一,主要包括以下档案和资料:

(1) 工程项目竣工报告;

(2) 分项、分部工程和单位工程技术人员名单;

(3) 图纸会审和设计交底记录;

(4) 设计变更通知单,技术变更核实单;

(5) 工程质量事故发生后调查和处理资料;

(6) 隐蔽验收记录及施工日志;

(7) 竣工图；

(8) 质量检验评定资料等；

(9) 合同约定的其他资料。

3. 有材料、设备、构配件的质量合格证明资料和试验、检验报告对建设工程使用的主要建筑材料、建筑构配件和设备的进场，除具有质量合格证明资料外，强调了这些使用于工程的主要建筑材料、建筑构配件和设备的进场，还应当有试验、检验报告。试验、检验报告中应当注明其规格、型号、用于工程的哪些部位、批量批次、性能等技术指标，其质量要求必须符合国家规定的标准。

4. 有勘察、设计、施工、工程监理等单位分别签署的质量合格文件。勘察、设计、施工、工程监理等有关单位依据工程设计文件及承包合同所要求的质量标准，对竣工工程进行检查和评定，符合规定的，签署合格文件。竣工验收所依据的国家强制性标准有土建工程、安装工程、人防工程、管道工程、桥梁工程、电气工程及铁路建筑安装工程验收标准等。本《条例》中勘察、设计、施工，监理等单位分别签署的质量合格文件所包含的内容，详见第三章、第四章和第五章的释义。

5. 有施工单位签署的工程质量保修书。

施工单位同建设单位签署的工程质量保修书也是交付竣工验收的条件之一。工程质量保修是指建设工程在办理交付验收手续后，在规定的保修期限内，因勘察设计、施工、材料等原因造成的质量缺陷，由施工单位负责维修，由责任方承担维修费用并赔偿损失。施工单位与建设单位应在竣工验收前签署工程质量保修书，保修收是施工合同的附合。工程保修书的内容包括：保修项目内容及范围；保修期；保修责任和保修金支付方法等。健全完善的工程保修制度，对于促进承包方加强质量管理，保护用户及消费者的合法权益可起着重要的保障作用。

（三）建设工程经竣工验收合格的，方可交付使用

无论是单项工程提前交付使用（例如单幢住宅），还是全部

工程整体交付使用，都必须经过竣工验收这一环节，并且还必须验收合格，否则，没有经过竣工验收或者经过竣工验收确定为不合格的建设工程，不得交付使用。如果建设单位为提前获得投资效益，在工程未经验收即前投产使用是违法的，由此所发生的质量问题，建设单位要承担责任。

工程验收通过后，承包单位应当按照国家有关规定和合同约定的时间、方式向建设单位提出结算报告，建设单位在审查结算报告后，应当在合同约定的时间内将拨款通知送经办银行，承包单位收到工程款后将竣工的工程交付建设单位，建设单位接收该工程。至此，完成竣工交付工作。

第十七条 建设单位应当严格按照国家有关档案管理的规定，及时收集、整理建设项目各环节的文件资料，建立、健全建设项目档案，并在建设工程竣工验收后，及时向建设行政主管部门或者其他有关部门移交建设项目档案。

[释义] 本条是关于建设单位在建设项目档案管理方面的职责的规定。

建设工程是百年大计，一般的建筑物设计年限都在 50～70 年之间，重要的建筑物达 100 年。在建筑物使用期间，会遇到对建筑物的改建（包括装修）扩建或拆除活动，以及在其周边进行建设活动，评估对该建筑物可能的不利影响等，都要参考原始的勘察、设计、施工资料，因此，所有的建筑活动都应建立完整的建设项目档案。建设单位作为建设工程的投资人和业主，是建设全过程的总负责方，应在合同中明确要求勘察单位、设计单位、施工单位分别提供有关勘察、设计、施工的档案资料，如勘察报告、设计图纸和计算书、竣工图等，及时收集整理，在工程竣工后及时向有关部门移交建设项目档案。

根据《档案法》的规定，"机关、团体、企业事业单位和其他组织必须按照国家规定，定期向档案馆移交档案"。按照《城市建设档案管理规定》（建设部第 61 号令）的要求，国务院建设行政主管部门负责全国城建档案（指在城市规划、建设及管理活动中直接形成对国家和社会具有保存价值的文字、图纸、图表、声像等各种载体的文件材料）管理工作。县级以上地方人民政府建设行政主管部门负责本行政区域内的城建档案管理工作，业务上受同级档案部门的监督、指导。

城建档案馆重点管理以下城市建设工程档案资料：

1. 工业、民用建筑工程；
2. 市政基础设施工程；
3. 公用基础设施工程；
4. 公共交通基础设施工程；
5. 园林建设、风景名胜建设工程；
6. 市容环境卫生设施建设工程；
7. 城市防洪、抗震、人防工程；
8. 军事工程档案资料中，除军事禁区和军事管理区以外的越市区的地下管线向和有关隐蔽工程的位置图。

建设单位应当严格按照《城市建设档案管理规定》，及时收集、认真整理建设项目各环节的文件资料，努力建立健全建设项目档案，在工程竣工验收后六个月内，向城建档案馆移交一符合规定的工程建设项目档案原件。

一套完整的工程建设项目档案一般包括以下文件材料：

1. 立项依据审批文件；
2. 征地、勘察、测绘、设计、招投标、监理文件；
3. 项目审批文件；
4. 施工技术文件和竣工验收文件；
5. 竣工图。

凡工程建设项目档案不全的，应当限期补充。

停建、缓建建设项目的档案，暂由建设单位保管。

撤销单位的建设项目档案，应当向上级主管机关或者城建档案馆移交。

对改建、扩建和重要部位维修工程，建设单位应当组织设计、施工单位据实修改、补充和完善原工程建设项目档案。凡结构和平面布置等改变的，应当重新编制建设项目档案，并在工程项目竣工后三个月内向城建档案馆移交。

第三章 勘察、设计单位的质量责任和义务

本章共七条，规定了勘察、设计单位进入建设工程勘察设计市场的条件，对其市场行为以及勘察成果文件、设计文件本身的质量提出了要求，同时规定了勘察、设计单位在建设工程的整个建设工程和使用过程中所应承担的责任和义务。

勘察、设计单位和执业注册人员是勘察设计质量的责任主体，也是整个工程质量的责任主体之一，是由他们来承担勘察设计质量的法律责任和经济责任，因此在本章对勘察、设计单位的责任和义务专门作出规定。

第十八条 从事建设工程勘察、设计的单位应当依法取得相应等级的资质证书，并在其资质等级许可的范围内承揽工程。

禁止勘察、设计单位超越其资质等级许可的范围或者以其他勘察、设计单位的名义承揽工程。禁止勘察、设计单位允许其他单位或者个人以本单位的名义承揽工程。

勘察、设计单位不得转包或者违法分包所承揽的工程。

［释义］ 本条是关于勘察、设计单位的市场准入条件和市场行为的规定。

（一）勘察、设计单位必须依法取得勘察、设计资质等级证书，《中华人民共和国建筑法》第十三条对此有专门规定："从事建筑活动的建筑施工企业、勘察单位、设计单位和工程监理单位，按照其拥有的注册资本、专业技术人员、技术装备和已完成的建筑工程业绩等资质条件，划分为不同的资质等级，经资质审查合格，取得相应等级的资质证书后，方可在其资质等级许可的范围内从事建筑活动"。勘察设计单位的资质等级反映了勘察设计单位从事某项勘察、设计工作的资格和能力，是国家对勘察、设计市场准入管理的重要手段。

按照现行的资质管理办法，除工程勘察外、工程设计划分为

建筑、市政、交通、铁道、冶金、化工、机械、航空、航天、兵器、农业、林业、水利、电力、邮电等 30 个行业及建筑装饰、智能建筑、环境污染防治、消防设施专项工程等几个专业，根据勘察、设计单位各专业技术人员及执业注册人员的配置；完成项目的能力、技术特长和业绩；技术水平、技术基础工作能力；技术装备、工作场所、勘察设计质量及管理水平；注册资本等内容，各行业、各专业均制定了明确的资质分级标准，并规定了各资质级别的从业范围。资质的审批和管理也有明确的规定，甲、乙级资质证书由国务院建设行政主管部门颁发，丙、丁级资质证书由所在地的省、自治区、直辖市、计划单列市建设行政主管部门颁发，所有勘察、设计单位必须取得勘察、设计证书后方可承接相应的勘察、设计业务。

以民用建筑工程设计为例，资质一般分为甲、乙、丙三个级别（部分地区保留了丁级），各级别承担任务范围分别为 1. 甲级：承担建筑工程设计的项目范围不受限制 2. 乙级：承担工程等级为二级及二级以下的民用建筑设计项目；3. 丙级：工程等级为三级的民用建筑设计项目。

（二）勘察、设计单位的市场行为规范与否，对勘察设计的质量产生重要的影响。勘察设计行业作为一个特殊的行业有严格的市场准入条件。勘察、设计单位只有具备了相应的资质条件，才有能力保证勘察设计的质量；超越资质等级许可的范围承揽工程，也就超越了其勘察设计的能力，因而无法保证其勘察设计的质量。

由于超越资质等级许可的范围承接工程的行为大多是通过借用、有偿使用其他有相应资质单位的资质证书、图签来完成的，因此被借用者、出卖者也负有不可推卸的责任。《建设工程勘察设计市场管理规定》中对"勘察设计单位出借、转让、出卖资质证书、图签、图章或以挂靠方式允许他人以本单位名义承接勘察设计业务；注册执业人员出借、转让、出卖执业资格证书、执业印章和职称证书，或私自为其他单位设计项目签字、盖章，或允许他人以本人名义执业"等行为均有禁止性规定。

（三）关于转包和违法分包在《中华人民共和国合同法》和《中华人民共和国建筑法》中均有明确规定，《中华人民共和国合同法》第二百七十二条规定："勘察、设计承包人不得将其承包的全部建设工程转包给第三人或者将其承包的全部工程肢解后以分包的名义分别转包给第三人。禁止承包人将工程分包给不具备相应资质条件的单位，禁止分包单位将其承包的工程再分包"。《中华人民共和国建筑法》第二十八条和第二十九条分别规定："禁止承包单位将其承包的全部建筑工程转包给他人，禁止承包单位将其承包的全部工程肢解以后以分包的名义转包给他人。禁止总承包单位将工程分包给不具备相应资质条件的单位。禁止分包单位将其承包的工程再分包"。

转包容易造成承包人压价转包，层层扒皮，使最终用于勘察、设计的费用大为降低以至于影响勘察、设计的质量。转包也破坏了合同关系应有的稳定性和严肃性，承包人转包违背了发包人的意志，损害了发包人的利益，这是法律所不允许的，不少国家也都有对建设工程转包的禁止性规定。

所谓分包是指勘察、设计单位将其承包勘察、设计任务的某一部分或某几部分再发包给其他承包人，与其签订承包合同下的分包合同。勘察设计单位的违法分包主要是指 1. 将勘察设计业务分包给不具备相应资质条件的单位；2. 勘察设计单位作为分包单位又将其承包的工程再分包，这容易因为层层分包而造成责任不清以及因中间环节过多而造成实际用于勘察、设计的费用减少，最终影响勘察、设计的质量。

勘察、设计单位将其承接的工程肢解以后以分包的名义转给他人承包的行为属于转包，工程勘察设计业务的肢解分包需根据情况具体界定，以前单体建筑的勘察、设计很少出现分包。随着科学技术和文化的发展带来了需求的多样化，同一建筑单位的设计在某些方面也表现出了较强的专业性，如建筑工程设计中的建筑装饰设计、智能建筑系统设计等已经有可能或者必须由分包单位来完成，同时工业项目在工艺、非标准设备、自动控制和环保等多方面也有可能划得更细,可供分包的新专业的派生以后可能会更多。但是,一般可以认为按国务院建设行政主管部门和有关专业部门关于行业和专业资质等级标准的划分,没有单独设立资质等级标准的行业或专业的部分不宜分包。

设计单位在进行工程总承包时也应严格按本条规定进行分包活动。

第十九条 勘察、设计单位必须按照工程建设强制性准进行勘察、设计,并对其勘察、设计的质量负责。

注册建筑师、注册结构工程师等注册执业人员应当在设计文件上签字,对设计文件负责。

[释义] 本条是关于勘察、设计单位和注册执业人员是勘察、设计质量的责任主体的规定。

(一)勘察、设计单位必须按照工程建设强制性标准实行勘察、设计,并对其勘察、设计的质量负责。工程建设强制性标准是工程建设技术和经验的积累,是勘察、设计工作的技术依据,只有满足工程建设强制性标准才能保证质量,才能满足工程对安全、卫生、环保等多方面的质量要求,因此必须严格执行。

既然标准是在技术发展和工程实践中产生,那么标准也存在一个发展的问题。《工程建设国家标准管理办法》也规定,当"国家标准的部分规定已制约了科学技术新成果的推广应用;国家标准的部分规定经修改后可取得明显的经济效益、社会效益、环境效益;国家标准的部分规定有明显缺陷或与相关的国家标准相抵触;需要对现行的国家标准作局部补充规定"时,应当对标准进行局部修订,这说明标准的制定有个基本的前提,标准本身具有局限性。建设单位需求的多样性决定了工程设计中会出现必须超越标准制定的前提,从而难免会发生违背现有强制性标准的情况,这时设计单位应就突破标准的技术问题报请有关管理部门审批,经审批同意后进行的设计可视为执行了国家强制性标准规范,但勘察设计单位仍应对勘察设计的质量法律责任和经济责任。这里的有关部门除国务院建设行政主管部门已明确规定的部门外，应是指标准的批准部门。

勘察设计的质量在本章第二十条和第二十一条有部分描述，勘察设计的质量受多方面因素的影响，如业主不合理压低勘察、设计取费，压缩合理的工期等会影响勘察设计质量，不合理的选址会影响投资的效益，初步设计审查、施工图设计文件审查或其他中介咨询机构也可能会没有及时发现存在的问题等，但是作为勘察、设计任务的完成者必须首先对勘察设计质量负法律责任和经济责任，勘察、设计单位是勘察设计质量的第一责任人。

谁勘察设计谁负责，谁施工谁负责，这也是国际上通行的作法。《中华人民共和国合同法》第二百八十二条规定："因承包人的原因致使建设工程在合理使用期限内造成人身和财产损害的，承包人应当承担损害赔偿责任"，也从法律上明确了勘察、设计单位应对其勘察、设计的质量负责。按照规定，对由于勘察、设计责任造成的质量事故，勘察、设计单位要进行赔偿，具体的赔偿额度要在合同中写明，可为工程实际损失的部分或全部。

（二）注册建筑师、注册结构工程师等注册执业人员应当在设计文件上签字，对设计文件负责。我国目前对勘察设计行业已实行了建筑师和结构工程师的个人执业注册制度，并规定注册建筑师、注册结构工程师必须在规定的执业范围内对本人负责的建筑工程设计文件，实施签字盖章制度。设计单位的资质等级标准中也同时对执业注册人员的数量作了规定，如甲级建筑设计单位需有一级注册建筑师和一级注册结构工程师各不少于 3 人等要求。

注册建筑师、注册结构工程师作为设计单位完成设计的主要技术人员，其工作质量直接影响设计的质量，因此应对设计的质量负责。注册执业人员的责任在《中华人民共和国注册建筑师条例》和《中华人民共和国刑法》中已有明确规定。《中华人民共和国注册建筑师条例》第二十四条规定："因设计质量造成的经济损失，由建筑设计单位承担赔偿责任；建筑设计单位有权向签字的注册建筑师追偿。"第三十二条规定："因建筑设计质量不合格发生重大责任事故，造成重大损失的，对该建筑设计负有直接责任的注册建筑师，由县级以上人民政府建设行政主管部门责令停止执业业务；情节严重的，由全国注册建筑师管理委员会或者省、自治区、直辖市注册建筑师管理委员会吊销注册建筑师证书"。注册结构工程师的有关管理规定中也指出因结构设计质量造成的经济损失由勘察设计单位承担赔偿责任，勘察设计单位有权向签字的注册结构工程师追偿"。

目前，建设行政主管部门正会同有关部门储备对岩土工程师实行执业注册制度，勘察设计行业其他有关专业的个人执业注册制度也将逐步建立。

第二十条　勘察单位提供的地质、测量、水文等勘察成果必须真实、准确。

〔释义〕本条是关于勘察质量的基本要求的规定。

简单地说，工程勘察就是要通过测量、测绘、观察、调查、钻探、试验、测试、鉴定、分析资料和综合评价等工作查明场地的地形、地貌、地质、岩性、地质构造、地下水条件和各种自然或人工地质现象，包括提出基础、边坡等工程的设计准则和工程施工的指导意见，并提出解决岩土工程问题的建议，进行必要的岩土工程治理。工程勘察工作是建设工程的基础工作，工程勘察成果文件是设计和施工的基础资料和重要依据，真实准确的勘察成果对设计和施工的安全性和是否保守浪费有直接的影响，因此工程勘察成果必须真实准确、安全可靠、经济合理。

按照工作性质划分，工程勘察可分为工程测量、水文地质和岩土工程三大专业。其中岩土工程包括岩土工程的勘察、设计、治理、监测与检测、咨询等方面的工作，而岩土工程勘察工作一般包括了场地液化、沉陷等场地抗震性能评价，因此专门承担的地震工程如场地和地基基础的抗震测试、评价与抗震措施建议等均属于工程勘察工作范畴。

第二十一条　设计单位应当根据勘察成果文件进行建设工程设计。

设计文件应当符合国家规定的设计深度要求，注明工程合理使用年限。

[释义] 本条规定了勘察成果文件是设计的基础资料，同时规定了设计文件的深度要求和应注明工程合理使用年限。

（一）设计单位应当根据勘察成果文件进行建设工程设计。勘察成果文件是设计的基础资料，是设计的依据，比如在不知道地基承载力情况下无法进行地基基础设计，而一旦地基承载力情况发生变化，随之而来基础的尺寸、配筋等都要修改，甚至基础选型也要改变，这将给设计工作增添很多工作量，造成工人的反复，继而影响设计的质量。因此先勘察后设计一直是工程建设的基本做法，也是基本建设程序的要求。但是，由于工期紧迫和建设单位的利益驱动，目前违背基建程序的做法时有发生，在勘察设计质量检查中发现，不少工程存在先设计、后勘察的现象，甚至仅参考附近场地的勘察资料而不进行勘察，这些都会造成严重的质量隐患或浪费，有的还因此而产生质量事故。因此本条对此专门作出规定，设计单位应当根据相应的勘察成果文件进行建设工程设计。

（二）设计文件应当符合国家规定的设计深度要求，注明工程合理使用年限。所谓设计文件编制深度可以说是设计文件应包括的内容和深度，也就是规定了一个完整的设计文件应该是什么样子。我国对设计文件的编制深度有专门的规定。以建筑为例，要求初步设计文件的深度能满足：符合已审定的设计方案；能据以确定土地征用范围；能据以准备主要设备及材料；应提供工程设计概算，作为审批确定项目投资的依据；能据以进行施工图设计；能据以进行施工准备。要求施工图设计文件的深度能满足：能据以编制施工图预算；能据以安排材料、设备定货和非标准设备的制作；能据以进行施工和安装；能据以进行工程验收。根据这些要求确定了设计文件应包括的内容，如初步设计在设计说明书、总平面、建筑、结构、给水排水、电气、弱电、采暖通风空气调节、动力、技术经济与概算等专业应表述到什么程度，施工图设计在总平面、建筑、结构、给水排水、电气、弱电、采暖通风空气调节、动力、预算等各专业应表述到什么程度等等,这样通过文字、图形、图表使各专业得到了充分的表述,设计文件也就通过这些具体的内容得以完成。

工程合理使用年限是指从工程竣工验收合格之日起,工程的地基基础、主体结构能保证在正常情况下安全使用的年限。建设工程的承包人应当在该建设工程合理使用年限内对工程的质量承担责任,工程勘察、设计单位要在此期间对因工程勘察、设计的原因而造成的质量问题负责相应的责任,因此可以说工程合理使用年限也就是勘察、设计单位的责任年限。

具体各类建设工程的合理使用年限,要根据建筑物、设备的结构、使用功能、所处的自然环境等因素,由有关技术部门作出判断,有关部门目前正在加紧研究制定相关规定,以建筑为例,根据《民用建筑设计通则(试行)》,一般认为按民用建筑的主体结构确定的建筑耐久年限分为四级:一级耐久年限为100年以上,适用于重要的建筑和高层建筑(指10层以上住宅建筑、总高度超过24米的公共建筑及综合性建筑);二级耐久年限为50~100年,适用于一般建筑;三级耐久有为25~50年,适用于次要建筑;四级耐久年限为15年以下,适用于临时性建筑,其中耐久年限即工程合理使用年限。建设单位有低于或高于工程合理使用年限的要求,应在合同中予以明确。

《条例》第一次规定了设计文件要注明工程合理使用年限,在设计文件中标明工程合理使用年限,可使使用者对工程安全的时效有一个清楚的了解,根据年限合理安排使用,超出这个期限的工程原则上不能再继续使用,用户需继续使用的,应委托具有相应资质等级的勘察、设计单位鉴定,根据鉴定结果采取加固、维修等措施,重新界定合理使用期限。如果用户不经鉴定而继续使用,因该建设工程造成的人身、财产损害的,原勘察、设计、施工等承包人不承担损害赔偿责任。以前编制设计文件对此没有明确规定,从设计文件完整性考虑在本条例中做了规定。

《中华人民共和国建筑法》第六十二条关于建筑工程实行质量保修制度时有"建筑物合理寿命年限"的提法，《中华人民共和国合同法》第二百八十条中称"工程合理使用期限"，其他有关规定也有称"工程寿命期限"的，本条中"工程合理使用年限"与上述提法是一致的。

第二十二条 设计单位在设计文件中选用的建筑材料、建筑构配件和设备，应当注明其规格、型号、性能等技术指标，其质量要求必须符合国家规定的标准。

除有特殊要求的建筑材料、专用设备、工艺生产线等外，设计单位不得指定生产厂、供应商。

〔释义〕 本条是关于设计单位在设计中选用建筑材料、建筑构配件和设备时的基本要求的规定。

（一）为施工组织和采购的需要，为使工程的建设准确满足设计意图，设计文件中必须注明所选用的建筑材料、建筑构配件和设备的规格、型号、性能等技术指标，审设计文件编制深度的要求。《中华人民共和国建筑法》第五十六条也规定："设计文件选用的建筑材料、建筑构配件和设备，应当注明其规格、型号、性能等技术指标，其质量要求必须符合国家规定的标准"。这一方面为施工单位能够充分满足设计文件的要求提供了前提条件，同时也防止了施工单位在实际施工中因滥用及错误使用建筑材料、建筑构配件和设备所造成的质量问题。

（二）本条第二款中"特殊要求"通常是指根据设计要求所选产品的性能、规格只有某个厂家能够生产或加工，必须在设计文件中注明方可进行下一步的设计工作或采购，在通用产品能保证工程质量的前提下，设计单位不可故意选用特殊要求的产品。

《中华人民共和国建筑法》第五十七条规定："建筑设计单位对设计文件选用的建筑材料、建筑构配件和设备，不得指定生产厂、供应商"。《反不正当竞争法》规定："公用企业或者其他依法具有独立地位的经营者，不得限定他人购买其指定的经营者的商品，以排挤其他经营者的公平竞争。"设计有在设计文件中注明所选用的建筑材料、建筑构配件和设备的规格、型号、性能等技术指标的权利，但若滥用权力则会限制建设单位或施工单位在材料采购上的自主权，出现质量问题后容易扯皮，同时也限制了其他建筑材料、建筑构配件和设备厂商的平等竞争权，妨碍了公平竞争，另外指定产品往往会和回扣等腐败行为相联系，收受回扣后设计单位往往难以对产品的质量和性能有正确的评价，这对工程的质量是有害的。因此，《条例》规定，除了特殊要求的建筑材料、专用设备、工艺生产线等外，设计单位不得指定生产厂、供应商。

第二十三条 设计单位应当就审查合格的施工图设计文件向施工单位作出详细的说明。

［释义］ 本条是关于设计文件交付施工时设计单位义务的规定。

施工图完成并经审查合格后，设计文件的编制工作已经完成，但并不是设计工作的完成设计方应就设计文件向施工单位作详细的说明，也就是通常所说的设计交底，这对施工正确贯彻设计意图，加深对设计文件难点、疑点的理解，确保工程质量有重要的意义，这是工程建设中的惯例。

设计交底通常的作法是设计文件完成后，设计单位将设计图纸交建设单位，再由建设单位发施工单位后，由设计单位将设计的意图、特殊的工艺要求、以及建筑、结构、设备等各专业在施工中的难点、疑点和容易发生的问题等向施工单位作一说明，并负责解释施工单位对设计图纸的疑问。

第二十四条 设计单位应当参与建设工程质量事故分析，并对因设计造成的质量事故，提出技术处理方案。

［释义］ 本条是关于事故发生后设计单位的义务的规定。

（一）事故发生后，工程的设计单位有义务参与质量事故分析，建设工程的功能、所要求达到的质量在设计阶段就已确定，可以说工程的好坏在一定程度上就是工程是否准确表达了设计的意图，因此在工程出现事故时，该工程的设计单位对事故的分析具有权威性。另外，设计是技术性很强的工作，设计文件的文字量尤其是图纸量比较大，该工程的设计单位最有可能在短时间内发现存在的问题，这对及时地进行事故处理是有利的。尽管多数设计单位一直出于责任感积极参与事故分析，但这个内容在以往的管理规定中并未明确。为及时更好地处理事故，尽可能将事故损失减少，本条对此专门作出规定。

当工程质量事故涉及到工程勘察内容时，本条同样适用于勘察单位。

（二）在正常的施工阶段，《中华人民共和国建筑法》每第五十八条规定："工程设计的修改由原设计单位负责，建筑施工企业不得擅自修改工程设计"。事故发生后，对因设计造成的质量事故原设计单位必须提出相应的技术处理方案，这是设计单位的义务，因为考虑到设计单位对自己设计的工程在事故分析时的权威性，其方案也同对日后的加固，修复有重要的意义。但是对于非设计原因造成的质量事故，建设单位应付给提供技术处理方案的原设计单位相应的报酬。

可以认为已建成工程发生事故后的修复为一项新的建设工程，因此，是否采用原设计单位提供的处理方案属于新的委托设计工作。但是在通常情况下，考虑到设计工作的特殊性以及设计单位在工程合理使用年限内所承担的责任，在设计单位具备提出合理技术处理方案的能力时，建设单位原则上应优先委托原设计单位进行加固、修复的设计工作。

第四章 施工单位的质量责任和义务

本章共九条。规定了施工单位在工程建设活动过程中应承担的质量责任和义务，明确了施工单位在工程建设活动中的行为准则。

施工阶段是建设工程实物质量的形成阶段，勘察工作质量、设计工作质量均要在这一阶段得以实现。由于施工阶段涉及的责任主体多，生产环节多，时间长，影响质量稳定的因素多，协调管理难度较大，因此，施工阶段的质量责任制度显得尤为重要。施工单位是建设市场的重要责任主体之一。它的能力和行为对建设工程的施工质量起关键性作用。施工单位是否有能力承担某一工程，用该施工单位的资质等级来衡量。但能不能保证所承包工程的施工质量，除了必须具备相应的资质等级，还与该施工单位承包、分包等市场行为、企业质量保证体系的建立和有效运行，是否按图施工、按标准施工，是否按要求对材料进行检验，是否严格隐蔽工程检查等密切相关，本章对此作出了具体的规定。

第二十五条 施工单位应当依法取得相应等级的资质证书，并在其资质等级许可的范围内承揽工程。

禁止施工单位超越本单位资质等级许可的业务范围或者用其他施工单位的名义承揽工程。禁止施工单位允许其他单位或者个人以本单位的名义承揽工程。施工单位不得转包或者违法分包工程。

［释义］ 本条是关于施工单位的市场准入和市场行为方面的规定。

《中华人民共和国建筑法》规定，从事建筑活动的施工单位，应该具备的条件是：有符合国家规定的注册资本；有与其从事的建筑活动相适应的、具有法定执业资格的专技术人员；有从事相关建筑活动所应有的技术装备；法律、行政法规规定的其他条件。按照上述条件和已完成的建筑工程业绩等，划分为不同的资质等级，经资质审查合格，取得相应等级的资质证书后，方可在其资质等级许可的范围内从事建筑活动。施工单位的资质等级反映了该施工单位从事某项施工工作的资格和能力，是国家对建筑市场准入管理的重要手段。

（一）施工单位应当依法取得相应等级的资质证书，并在其资质等级许可的范围内承揽工程。

施工单位的资质等级，是施工单位建设业绩、人员素质、管理水平、资金数量、技术装备等综合能力的体现。对于施工单位，国家规定除应具备企业法人营业执照外，还应取得相应的资质证书，建设部发布的《建筑业企业资质管理规定》，对此作出了明确的规定。根据规定，建筑承包企业应严格在其资质等级许可的经营范围内从事承包工程活动。

施工单位禁止有以下行为：

1. 禁止超越本单位资质等级许可的业务范围承揽工程。这是因为，企业的资质等级是由有关管理部门根据企业的建设业绩、人员素质、管理水平、资金数量、技术装备等企业基本条件来确定的。这些条件反映了施工单位承揽工程的综合能力。企业只能根据其自身的综合能力进行相应的工程承包活动，否则会由于其某方面的能力达不到，而造成工程质量事故，给工程留下隐患，严重的会造成工程倒塌事故。

2. 禁止以其他施工单位名义承揽工程和允许其他单位或个人以本单位的名义承揽工程。

在实践中，为在发承包竞争活动中争取到工程项目，一些施工单位因自身资质条件不符合招标项目所要求的资质条件，会采取种种手段骗取发包方的信任，其中包括借用其他施工单位的资质证书，以其他施工单位的名义承揽工程等手段进行违法承包活动。这种行为一方面扰乱了建设市场秩序，另一方面，也给工程留下了质量隐患。因为借用别人名义的单位往往是自身资质等级不高、人员素质差、管理落后的小企业或个体户，一旦拿到工程，因为要向出借方交纳一大笔管理费，就只有靠偷工减料、以次充好等非法手段赚取利润，这样一来，必然会给工程带来隐患。因此，必须明令禁止这种行为，不论是"出借方"还是"借用方"，都将受到法律的处罚。本《条例》第六十一条对此作出了明确的处罚规定。

（二）施工单位不得转包或者违法分包工程。

正常的总分包施工经营方式是建设活动自身的客观要求，由于建设工程活动涉及的专业较多，少则几十个，多则几百个，任何一个施工单位都不可能具备如此多的专业队伍和施工经验，总承包单位一般要将专业性强、自身不具备这方面优势的项目分包出去。这一做法既然有利于降低成本，规避风险，也有利于保证工程质量，是国际上进行工程项目管理的一般作法。但分包要受一定的条件约束和限制。

《建筑法》和《合同法》都明令禁止承包单位将其承包的全部工程转包给他人，同时也禁止承包单位将其承包的工程肢解以后，以分包的名义分别转包给他人。

所谓转包，是指承包单位承包建设工程后，不履行合同约定的责任和义务，将其承包的全部建设工程转给他人或者将其承包的全部工程肢解以后以分包的名义分别转给他人承包的行为。转包行为中，原施工单位将其承包的工程全部倒手转给他人，自己并不实际履行合同约定的义务。也有的施工承包单位将其承包的工程肢解成若干部分，全部分包给他人，自己并不履行总承包单位的义务和职责，这也是转包。转包的最主要特点是转包人只从受转包方收取管理费，而不对工程进行施工和管理。建设单位对受转包人的管理缺乏法律依据，受转包人的行为不受承包合同的约束，为了非法赢利，不择手段。所谓违法分包，根据本《条例》第七十八条的定义，主要是指施工总承包单位将工程分包给不具备相应资质条件的单位；违反合同约定，又未经建设单位认可，擅自分包工程；将主体工程的施工分包给他人；分包单位再分包的。

因此，建设工程实行总包与分包的，要满足以下四个方面的要求：

1. 实行总包与分包的工程，总包单位应将工程发包给具有发包给具有相应资质条件的分包单位。根据有关资质管理规定，承包工程的施工单位必须具有相应的资质。该规定同样适用于工程分包单位，不具备资质条件的单位不仅不可以进行总承包，同样也不得进行分包。总承包方不得将承包的工程分包给不具有相应资质的分包单位。

2. 总承包单位进行分包，应经建设单位的认可。因为建设单位将工程发包给某一总承包单位，是建设单位通过对总承包单位的资质条件也就是施工单位的综合能力进行考察后,作出的选择。经过双方签订工程承包合同,建设单位的这一选择就受到了法律保护,此后,总承包单位要将所承包的工程再行分包给他人,应当告知建设单位,并取得建设单位的认可。

3. 实行施工总承包的,建筑工程的主体结构不得进行分包。为防止承包单位借分包的名义转包工程,《建筑法》规定建筑工程的主体结构施工必须由施工总承包单位自行完成。

4. 实行总分包的工程,分包单位不得再分包,即二次分包。分包层次过多,一方面管理层次增加,总包单位对工程的控制力减弱,另一方面管理成本增加,不利于保证工程质量。

第二十六条　施工单位对建筑工程的施工质量负责。

施工单位应当建立质量责任制,确定工程项目的项目经理、技术负责人和施工管理负责人。

建筑工程实行总承包的,总承包单位应当对全部建设工程质量负责;建设工程勘察、设计、施工、设备采购的一项或者多项实行总承包的,总承包单位应当对其承包的建设工程或者采购的设备的质量负责。

［释义］　本条是关于施工单位对建设工程质量责任的规定。

施工质量是以合同规定的设计文件和相应的技术标准为依据来确定和衡量的。施工单位应对施工质量负责,是指施工单位应在其质量体系正常、有效运行的前提下,保证工程施工的全过程和工程的实物质量符合设计文件和相应技术标准的要求。

（一）建设工程的施工,是指根据合同约定和工程的设计文件以及相应的技术标准的要求,通过各种技术作业,最终形成建设工程实体的活动。在建设勘察、设计的质量没有问题的前提下,整个建设工程的质量状况,最终取决于施工质量。这里所说的施工质量,既然包括各类工程中土建工程的质量,也包括与其配套的线路、管道和设备的安装质量以及装修质量。根据本条规定,建设工程的施工单位应对工程的施工质量负责。在现实中,不少建设工程的质量问题都与建设工程的施工质量有关。小的施工问题，如屋面漏水、墙面开裂、管道堵塞给用户带来很大的生活不便；大的质量问题，则会酿成房屋倒塌、人身伤亡和重大财产损失的恶性事故。因此，建设工程的施工单位，必须以对国家和人民财产安全负责任的态度，严格按照工程设计文件和技术标准进行施工，严把质量关，做好工程施工的各项质量控制与管理工作。

施工单位的质量责任制，是其质量保证体系的一个重要组成部分，也是项目质量目标得以实现的重要保证。建立质量责任制，主要包括制定质量目标计划，建立考核标准，并层层分解落实到具体的责任单位和责任人，赋予相应的质量责任和权力。落实责任制，不仅是为了保证在出现质量问题时，可以追究责任，更重要的是通过层层落实质量责任制这一手段，做到事事有人管，人人有职责，保证工程的施工质量。在工程项目施工中，可以采用关键施工过程控制法，对关键施工过程和过程节点实施控制。在落实责任制时，责任人应具备相应的个人从业资格。如责任人不具备与其承担的责任相应的技术职称或岗位资格，质量责任制在落实的全过程中就会落空。

施工单位的项目经理是指受企业法人委派，对工程项目施工过程全面负责的项目管理者，是一种岗位职务。由项目经理选调技术、生产、材料、成本等管理人员，组成项目管理班子。项目经理在工程项目施工中处于中心地位，对工程项目施工质量应全面负责。项目经理资质分为一、二、三、四级，应经培训并实行持证上岗制度。实际工作中，一些一级企业用二级、甚至三级、四级项目经理主持大型项目的生产，由于能力、经验不足，往往导致问题的产生。因此，针对具体项目，不但要对企业的资质有所要求，对项目经理的资格也要提出要求。为了避免企业和项目管理水平两张皮的现象，《招标投标法》第二十七条规定，"招标项目属于建筑施工的，投标文件的内容应当包括拟派出的项目负责人与主要技术人员的简历、业绩——"等，以接受资格审查。

明确项目经理对工程质量负责，不能搞"以包代管"，过分强调项目承包的自主权，技术和质量管理权力过度下放，使管理力量分散，削弱了企业的整体质量管理能力。实施项目部管理的工程，工程项目上的生产经营活动，必须在企业制度的制约下运行。其质量和技术活动，必须接受企业相应职能部门的监督和指导，要在企业质量体系正常、有效运行的前提下，把工程质量责任落实到项目经理。

对于工程技术和施工管理负责人，除了要明确工程项目上的技术和施工管理负责人外，还应该明确企业技术和施工管理负责人，对该工程所应承担的技术责任。如：施工组织设计，应经企业总工程师或相应的技术和质量部门批准、工程质量验收应由企业质量和技术部门参加或主持等。此外还应确定工程项目上的其他管理人员，如各工种的工长等施工管理人员。

（二）建设工程勘察、设计、施工、设备采购的一项或者多项实行总承包的，总承包单位应当对其承包的建设工程或者采购的设备的质量负责。

建设工程的承包方式，可以按传统方式搞单项承包，即建设单位将勘察、设计、施工、设备采购分别委托给不同的单位来完成，勘察、设计、施工、采购单位分别就自己承包的工作向建设单位负责，由建设单位负责全过程的总协调。也可按总承包方式进行。因承包内容的不同，总承包又分为几个类型。有勘察、设计、施工总承包的，有设计、施工总承包的，有施工、采购总承包的，也有称为"交钥匙"总承包的，即建设单位将建设工程的勘察、设计、施工等工程建设的全部任务，一并发给一个具备相应的总承包资质条件的承包单位，由该承包单位负责工程的全部建设工作，直到工程竣工，向建设单位交付经验收合格、符合合同要求的建设工程的发承包方式。工程总承包是国内外建设活动中经常使用的发承包方式，它有利于充分发挥那些在工程建设方面具有较强的技术力量、丰富的经验和组织管理能力的大承包商的专业优势，综合协调工程建设中的各种关系，强化对工程建设的统一指挥和组织管理，保证工程质量和进度，提高投资效益。

在建设工程的发承包中采用总承包方式,对那些缺乏工程建设方面的专门技术力量,难以对建设项目实施具体的组织管理的建设单位来说,更具有明显的优越性,也符合社会化大生产专业分工的要求。为此应当提倡对建设工程实行总承包。建设单位可以将全部工程发包给一个总承包单位完成,由该承包单位对工程建设的全过程向建设单位负责。

实行工程总承包的,经建设单位认可或合同约定,总承包单位可以将其承包的部分工作项目分包出去,但要就其所有的承包和工作项目向建设单位负责。

第二十七条 总承包单位依法将建设工程分包给其他单位的,分包单位应当按照分包合同的决定对其分包工程的质量向总承包单位负责,总承包单位与分包单位对分包工程的质量承担连带责任。

[释义] 本条是关于总、分包单位的责任承担的规定。

由于《建设工程承包合同》的双主体是建设单位和总承包单位,因此,总承包单位应当按照承包合同约定的权利义务对建设单位负责。经建设单位许可或合同约定,总承包单位将工程分包给其他分包单位时,应当同分包单位签订《建筑工程分包合同》,根据分包合同的约定,分包单位(包括建设单位指定的分包单位)对总承包单位承担责任。在实践,应注意处理以下两方面问题:

一是对于实行工程施工总承包的,由总承包单位负全面质量及经济责任,这种责任的承担不论是由总包单位造成的还是由分包单位造成的。在总承包单位承担责任后,可以依法及工程分包合同的约定,向分包单位追偿。

二是对于分包工程的责任承担,由总承包单位和他包单位承担连带责任。根据民法通则,连带责任是指由法律专门规定的应由共同侵权行为人或共同危险行为向受害人承担的共同的和各自的责任。依据这种责任,受害人有权向共同侵权行为或共同危险行为人的任何一人或数人请求承担全部侵权的民事责任,任何一个共同侵权行为人或共同危险行为人都有义务承担全部侵权的民事责任。因此，根据本条规定，对于分包工程发生的质量问题以及违约责任，建设单位或其他受害人既可以向分包单位请求赔偿全部损失，也可以向对不属于自己责任的那部分赔偿向分包方追偿。

　　第二十八条　施工单位必须按照工程设计图纸和施工技术标准施工，不得擅自修改工程设计，不得偷工减料。

　　施工单位在施工过程中发现设计文件和图纸有差错的，应当及时提出意见和建议。

　　[释义]　本条是关于施工依据以及有义务对设计文件和图纸的差错及时提出意见和建议的规定。

　　(一)按工程设计图纸施工，是保证工程实现设计意图的前提，也是明确划分设计、施工单位质量责任的前提。施工过程中，如果施工单位不按图施工或不经原设计单位同意，就擅自修改工程设计，其直接的后果，往往违反了原设计的意图，影响工程质量，严重的将给工程结构安全留下隐患。间接后果是在原设计有缺陷或出现工程质量事故的情况下，由于施工单位擅自修改了设计，混淆了设计、施工单位各自应负的质量责任。所以按图施工、不擅自修改工程设计，是施工单位保证工程质量最基本要求。

　　施工技术标准，也是施工单位在施工中所必须遵循的。根据建设部《工程建设国家标准管理办法》规定，国家标准分为强制性标准和推荐性标准。施工单位只有按施工技术标准、特别是强制性标准的要求组织施工，才能保证工程的施工质量。

　　偷工减料，是一种非法牟利行为，在工程的一般部位，如施工工序不严格按标准要求，减少工料的投入，简化操作工序，将产生一般性的质量通病，会影响工程外观质量或一般使用功能；而在关键部位，如结构中使用劣质钢材、水泥，无相应技能、无岗位资格的人员上特殊岗位，如充当电焊工等，将会造成严重的结构隐患。

（二）工程建设项目的设计涉及到多个专业，各专业间协调配合比较复杂，设计文件可能会有差错。这些差错通常会在图纸会审或施工过程中被逐步发现，对设计文件的差错，施工单位在发现后，有义务及时向设计单位提出，避免造成不必要的损失和质量问题。这是施工单位应具备的起码的职业道德，也是履行合同应尽的最基本的义务。

第二十九条　施工单位必须按照工程设计要求、施工技术标准和合同约定，对建筑材料、建筑构配件、设备和商品混凝土进行检验，检验应当有书面记录和专人签字；未经检验或者检验不合格的，不得使用。

［释义］　本条是关于施工单位必须对建筑材料、构配件、设备和商品混凝土等进行检验的规定。

材料、构配件、设备及商品混凝土检验制度，是施工单位质量保证体系的重要组成部分，是保障建筑工程质量的重要内容。施工中要按工程设计要求、强制性标准的规定和合同的约定，对工程上使用的建筑材料、建筑构配件、设备和商品混凝土等（包括建设单位供应的材料）进行检验，检验工作要按规定范围和要求进行，按现行的标准、规定的数量、频率、取样方法进行检验。检验的结果要按规定的格式形成书面记录，并由相关的专业人员签字。未经检验或检验不合格的，不得使用。合同若有其他约定，检验工作还应满足合同相应条款的要求。

企业应结合本单位实际，建立健全材料检验管理制度，包括试验管理、岗位责任、仪器设备管理、标准养护管理、试验委托管理等。试验报告数据及结论要准确可靠，不得涂改，必须有试验员、审核员及试验室负责人的签字，因试验室工作差错而造成损失的，要追究有关人员和试验单位的责任。试验室必须单独建立不合格试验项目台账。

对于未经检验或检验不合格，使用在工程上的，是一种违法行为，要追究批准使用人的责任。

另外，对于混凝土构件和商品混凝土，其提供产品的生产厂家还应按《混凝土构件和商品混凝土生产企业资质管理规定》的要求，申请取得相应的资质，才能生产和向施工单位提供混凝土构件和商品混凝土。无资质或无相应资质等级的混凝土企业，其提供的产品，应视为不合格产品。

第三十条　施工单位必须建立、健全施工质量的检验制度，严格工序管理，作好隐蔽工程的质量检查和记录。隐蔽工程在隐蔽以前，施工单位应当通知建设单位和建设工程质量监督机构。

[释义]　本条是关于施工质量检验制度以及隐蔽工程检查的规定。

施工质量检验，通常是指工程施工过程中工序质量检验，或称为过程检验。有预检及隐蔽工程检验和自检、交接检、专职检、分部工程中间检验等。

施工工序也可以称为过程。各个过程之间横向和纵向的联系形成了（工序）过程网络。一项工程的施工，是通过一个庞大的、由许多过程组成的过程网络来实现的，网络上的关键过程（或工序）都有可能对工程最终的施工质量产生决定性的影响。有的过程（工序）不按规定操作，达不到设计文件或标准的要求，就有可能给工程留下隐患，甚至引起整个工程结构失效。如焊接节点的破坏，就可能引起桁架破坏，从而导致屋面坍塌；框架结构核心区箍筋不按规定加密，就会影响构筑的抗震能力等。所以施工单位要加强对施工过程（工序）的质量控制，特别是要加强影响结构安全的地基和结构等关键施工过程的质量控制。完善的检验制度和严格的工序管理是保证工序过程质量的前提，只有过程网络上的所有过程的质量都受到严格的控制，整个工程的质量才能得以保证。

所谓严格工序管理，不仅仅是对单一的工序加强管理，而是要对整个过程（工序）网络进行全面管理。用前一道或横向相关的工序保证后续工序的质量，从而使整个工程施工质量达到预期目标。

在施工过程中，某一道工序所完成的工程实物，被后一工序形成的工程实物所隐蔽,而且不可以逆向作业,前者就称为隐蔽工程。例如,钢筋混凝土工程施工中,钢筋为混凝土所覆盖,前者即是隐蔽工程。建设工程施工,在大多数情况下,具有不可逆性。隐蔽工程被后续工序隐蔽后,其施工质量就很难检验及认定。如果不认真做好隐蔽工程的质量检查工作,就容易给工程留下隐患。所以隐蔽工程在隐蔽前,施工单位除了要做好检查、检验并做好记录之外,还要及时通知建设单位(实施监理的工程为监理单位)和建设工程质量监督机构,以接受政府监督和向建设单位提供质量保证。

根据《建设工程施工合同文本》中对隐蔽工程验收所做的规定,工程具备隐蔽条件或达到专用条款约定的中间验收部位,施工单位进行自检,并在隐蔽或中间验收前 48 小时以书面形式通知监理工程师验收。通知包括隐蔽和中间验收的内容、验收时间和地点。施工单位准备验收记录,验收不合格,施工单位在监理工程师限定的时间内修改重新验收。如果工程质量符合标准、规范和设计图纸等的要求,验收 24 小时后,监理工程师不在验收记录上签字,视为已经批准,施工单位可进行隐蔽或继续施工。监理工程师不能按照参加验收,须在开始验收前 24 小时向施工单位提出书面延期要求,延期不能超过两天。监理工程师未能按以上时间提出延期要求,不参加验收,施工单位可自行组织验收,建设单位应承认验收记录。无论监理工程师是否参加验收,当其提出对已经隐蔽的工程重新检验的要求时,施工单位应按要求进行剥露,并在检验后重新覆盖或修复。检验合格,建设单位承担由此发生的全部追加合同价款,赔偿施工单位损失,并相应顺延工期。检验不合格,施工单位承担发生的全部费用,但工期也应顺延。

质量监督机构对工程的监督检查以抽查为主,因此,接到施工单位隐蔽验收的通知后,可以根据工程的特点和隐蔽部位的重要程度及工程质量监督管理规定的要求,确定是否监督该部位的隐蔽验收。对于整个工程所有的隐蔽工程验收活动,工程质量监督机构要保持一定的抽查频率。对于工程的关键部位的隐蔽工程验收通常要到场，对参加隐蔽工程验收各方的人员资格、验收程序以及工程实物进行监督检查，发现问题及时责成责任方予以纠正。

第三十一条 施工人员对涉及结构安全的试块、试件以及有关材料，应当在建设单位或者工程监理单位监督下现场取样，并送具有相应资质条件的质量检测单位进行检测。

［释义］ 本条是为了保证涉及结构安全的试件、试块的真实性，就取样和检测作的具体规定。

在工程施工过程中，为了控制工程总体或相应部位的施工质量，一般要依据有关技术标准，用特定的方法，对用于工程的材料或构件抽取一定数量的样品，进行检测或试验，并根据其结果来判断其所代表部位的质量。这是控制和判断工程质量水平所采取的重要技术措施。试块和试件的真实性和代表性，是保证这一措施有效的前提条件。建设工程施工检测，应实行有见证取样和送检制度。即施工单位在建设单位或监理单位见证下取样，送至具有相应资质的质量检测单位进行检测。结构用钢筋及焊接试件、混凝土试块、砌筑砂浆试块、防水材料等项目，实行有见证取样及送检制度。有见证取样主要是要为了保证技术上符合标准的要求，如取样方法、数量、频率、规格等，此外，还要从程序上保证该试块和试件能真实的代表工程或相应部位的质量特性。以求对工程及实物质量做出真实、准确的判断，防止假试块、假试件和假试验报告。

检测单位的资质，是保证试块试件检测、试验质量的前提条件。本条"具有相应资质条件的质量检测单位"是指必须经省级以上（含省级）建设行政主管部门进行资质审查和有关部门计量审查的工程质量检测机构。从事建筑材料和制品等试验工作的建筑施工、市政工程、混凝土预制构件、预拌（商品）混凝土生产企业、科研单位与大专院校的对外服务的工程试验室，以及工程质量检测机构，均应按有关规定，取得资质证书。

第三十二条　施工单位对施工中出现质量问题的建设工程或者竣工验收不合格的建设工程，应当负责返修。

［释义］　本条是关于施工单位应当负责对有质量问题的建设工程返修的规定。

《合同法》第二百八十一条规定，因施工单位原因致使工程质量不符合约定的，建设单位有权要求施工单位在合理期限内无偿修理或者返工、改建。返修包括返工和修理。所谓返工是工程质量不符合规定的质量标准，而又无法修理的情况下重新进行施工；修理是指工程质量不符合标准，而又有可能修复的情况下，对工程进行修补使其达到质量标准的要求。不论是施工过程中出现质量问题的建设工程，还是竣工验收时发现质量问题的工程，施工单位都要负责返修。

对于非施工单位造成质量问题或竣工验收不合格的工程，施工单位也应当负责返修，但是造成的损失及返修费用由责任方承担。

第三十三条　施工单位应当建立、健全教育培训制度，加强对职工的教育培训；未经教育培训或者考核不合格的人员，不得上岗作业。

［释义］　本条是关于施工单位应实行教育培训和必须先培训、后上岗制度的规定。

国务院《质量振兴纲要1996—2010年》指出："把提高劳动者的素质作为提高质量的重要环节。切实加强对企业经营者和职工的质量意识和质量管理知识教育，积极开展职工劳动技能培训。""实施不同层次的质量教育与培训"。

施工单位建立、健全教育培训制度，加强对职工的教育培训，是企业重要的基础工作之一，只有全员素质的提高，工程质量才能从根本上得到保证，由于施工单位从事施工活动的大多数人员都来自农村，而且增长速度快，施工单位的培训任务十分艰巨。教育培训通常包括各类质量教育和岗位技能培训等。

这里所指的人员，主要是与质量工作有关的，如总工程师、项目经理、质量体内审员、质量检查员、施工人员、材料试验及检测人员，关键技术工种如焊工、钢筋工、混凝土工等。规定培训而未经培训或培训考核不合格的、无相应的岗位资格的人员不得上岗工作或作业。

第五章　工程监理单位的质量责任和义务

本章共五条。工程监理单位是工程建设的责任主体之一，工程监理是一种有偿技术服务，工程监理单位接受建设单位委托，代表建设单位，对建设工程进行管理。本章就监理单位的市场行为准则、工作的服务特性、监理过程中的职责和义务等作了规定。

第三十四条　工程监理单位应当取得相应等级的资质证书，并在其资质等级许可的范围内承担工程监理业务。

禁止工程监理单位超越本单位资质等级许可的范围或者以其他工程监理单位的名义承担工程监理业务。禁止工程监理单位允许其他单位或者个人以本单位的名义承担工程监理业务。

工程监理单位不得转让工程监理业务。

[释义]　本条是关于监理单位市场准入和市场行为的规定。

（一）设立监理单位，须报工程建设监理主管机关进行资质审查，并取得相应的资质等级后，到工商行政管理机关办理工商注册手续。根据监理单位的注册资金、专业技术人员、技术装备和已完成的业绩等条件将其划分为甲、乙、丙三个等级，每一等级承担监理业务的范围不同。监理单位必须在其资质等级许可的范围内，承担监理业务。工程监理单位的资质等级反映了该监理单位从事某项监理业务的资格和能力，是国家对工程监理市场准入管理的重要手段。

（二）本条第二款还对监理单位的不规范市场行为作了禁止性规定：

监理单位的市场行为必须规范。监理单位只能在资质等级许可的范围承担监理业务，是保证监理工作质量的前提。越级监理、允许其他单位或者个人以本单位的名义承担监理业务等违法行为,将使工程监理变得有名无实,或形成实质上的无证监理,最终会对工程质量造成危害。所以必须明确规定禁止上述行为。

(三)建设单位将监理业务委托给工程监理单位,是建设单位对该工程监理单位的综合能力的信任。工程监理单位接受委托后,应当自行完成工程监理任务,不得将工程监理业务转手委托给其他工程监理单位。如果由于业务太多或其他原因,工程监理单位无法完成该工程监理业务时,工程监理单位应当自动解除委托关系,由建设单位将该工程的监理业务委托给其他具有相应资质条件的工程监理单位。工程监理单位转让监理业务与施工单位转包有关同样的危害性。

第三十五条　工程监理单位与被监理工程的施工承包单位以及建筑材料、建筑构配件和设备供应单位有隶属关系或者其他利害关系的,不得承担该项建设工程的监理业务。

[释义]　本条是关于工程监理单位与被监理工程的承包单位等不得有隶属关系或者其他利害关系的规定。

工程监理单位接受建设单位委托,对施工单位以及材料供应单位进行监督检查,因此,必须实事求是,遵循客观规律,按工程建设的科学要求进行监理活动,客观、公正地对待各方当事人,认真地进行监督管理。这是对工程监理单位执行监理任务的基本要求。

由于工程监理单位与被监理工程的承包单位以及建筑材料、建筑构配件和设备供应单位之间是一种监督与被监督的关系,为了保证工程监理单位能客观、公正地执行监理任务,工程监理单位不得与被监理工程的承包单位以及建筑材料、建筑构配件和设备供应单位有隶属关系或者其他利害关系。这里的隶属关系是指工程监理单位与被监理工程的承包单位以及建筑材料、建筑构配件和设备供应单位有行政上下级关系等。其他利害关系,是指监理单位与施工单位或材料供应单位之间存在的可能直接影响监理单位工作公正性的非常明显的经济或其他利益关系,如参股、联营等关系。当出现工程监理单位与被监理工程的承包单位以及建筑材料、建筑构配件和设备供应单位有隶属关系或者其他利害关系的情况时,工程监理单位在接受建设单位委托前,应当自行回避;在接受委托后,发现这一情况时,应当依法解除委托关系。

第三十六条 工程监理单位应当依照法律、法规以及有关技术标准、设计文件和建设工程承包合同,代表建设单位对施工质量实施监理,并对施工质量承担监理责任。

〔释义〕 本条是关于工程监理单位进行监理工作的依据、内容和监理责任的规定。

(一)工程监理的依据

1. 法律、法规。监理单位应当依照法律、法规的规定,对承包单位实施监督。对建设单位违反法律、法规的要求,监理单位应当予以拒绝。

2. 有关的技术标准。技术标准分为强制性标准和推荐性标准。强制性标准是必须执行的标准。推荐性标准是自愿采用的标准,双方可以合同中确定是否采用。经合同确认的推荐性标准也必须严格执行。

3. 设计文件。设计文件是施工的依据,同时也是监理依据。施工单位应该按设计文件进行施工。监理单位应按照设计文件对施工活动进行监督管理。

4. 工程承包合同。工程承包合同是建设单位和施工单位依法签定的,为完成商定的某项建筑工程,明确相互权利和义务关系的协议。工程承包合同依法订立,任何一方不得擅自变更或解除合同。监理单位应当依据工程承包合同的约定,监督施工单位是否全面履行合同规定的义务。

(二)施工阶段监理的主要内容包括:

1. 协助建设单位编写向建设行政主管部门申报开工的施工许可申请;

2. 协助确认承包单位选择的分包单位;

3. 审查承包单位施工过程中各分部、分项工程的施工准备情况，下达开工指令；

4. 审查承包单位的材料、设备采购清单；

5. 检查工程使用的材料、构件、设备的规格和质量；

6. 检查施工技术措施和安全防护措施的实施情况；

7. 发现工程设计不符合质量标准或合同约定的质量要求的，报告建设单位要求设计单位变更；

8. 督促履行承包合同，主持协商合同条款的变更，调解合同双方的争议，处理索赔事项；

9. 检查工程进度和施工质量，验收分部分项工程质量，签署工程付款凭证；

10. 督促整理承包合同文件和技术档案资料；

11. 组织工程竣工预验收，提出竣工验收报告；

12. 检查工程结算。

（三）工程监理单位对工程质量的控制。

1. 原材料、构配件及设备的质量控制；

工程所需的主要原材料、构配件及设备应由监理单位进行质量认定。控制方法一般有：

1）审核工程所用材料、构配件及设备的出厂合格证或质量保证书；

2）对工程原材料、构配件及设备在使用前需进行抽检或复试，其试验的范围，按有关规定、标准的要求确定；

3）凡采用新材料、新型制品，应检查技术鉴定文件；

4）对重要原材料、构配件及设备的生产工艺、质量控制、检测手段等进行检查，必要时应到生产厂家实地考察，以确定供货单位；

5）所有设备，在安装前应按相应技术说明书的要求进行质量检查，必要时还应由法定检测部门检测。

2. 对分部、分项工程的质量控制：

在一般情况下，主要的分项工程施工时，施工单位应将施工工艺、原材料使用、劳动力配置、质量保证措施等基本情况填写施工条件准备情况表报监理单位，监理单位应调查核实，经同意后方可施工。

分项工程施工过程中，应对关键部位随时进行抽查，抽查不合格的应通知施工单位整改，并要作好复查和记录。

所有分项工程施工 施工单位应在自检合格后，填写分项工程报验申请表，并附上分项工程评定表。属隐蔽工程，还应将隐检单报监理单位，监理工程师必须严格按每道工序进行检查。经检验合格的，签发分项工程认可书。不合格的，下达监理通知，给施工单位指明整改项目。凡整改的项目，整改结构应反馈回监理单位。

（四）工程监理单位的质量责任。

监理单位对施工质量承担监理责任，主要有违法责任和违约责任两个方面。如果监理单位故意弄虚作假，降低工程质量标准，造成质量事故的，要按照《建筑法》及本《条例》的规定，承担相应的法律责任。根据本《条例》第六十七、六十八条对监理单位的违法责任的规定，工程监理单位与承包单位串通，谋取非法利益，给建设单位造成损失的，应当与承包单位承担连带赔偿责任。

如果监理单位在责任期内，不按照监理合同约定履行监理职责，给建设单位或其他单位造成损失的，属违约责任，应当向建设单位赔偿。

第三十七条 工程监理单位应当选派具备相应资格的总监理工程师和监理工程师进驻施工现场。未经监理工程师签字，建筑材料、建筑构配件和设备不得在工程上使用或者安装，施工单位不得进行下一道工序的施工。未经总监理工程师签字，建设单位不拨付工程款，不进行竣工验收。

［释义］ 本条是关于监理单位应当选派相应资格的监理人员进驻现场对工程进行管理，以及管理工程的权利的规定。

监理单位应根据所承担的监理任务，组建驻工地监理机构。监理机构一般由总监理工程师、监理工程师和其他监理人员组成。

根据《监理工程师资格考试和注册试行办法》的有关规定，监理工程师系岗位职务，是经全国统一考试合格，取得职业资格并经注册取得《监理工程师岗位证书》的工程建设监理人员。总监理工程师是指监理单位派到施工现场全面履行监理合同的全权负责人。

监理工程师拥有对建筑材料、建筑构配件和设备以及每道施工工序的检查权。在施工过程中，监理工程师对工序、建筑材料、构配件和设备进行检查、检验，根据检查、检验的结果来确定是否允许建筑材料、构配件、设备在工程上使用；对每道施工工序的作业成果进行检查，并根据检查结构决定是否允许进行下一道工序的施工，对于不符合规范和质量标准的工序、分部分项工程，有权要求施工单位停工整改、返工。在《工程监理规定》中就检查和返工、隐蔽及中间验收、重新检验等作了具体规定。这就从施工过程的各个环节起到了把关的作用。

工程监理实行总监理工程师负责制。总监理工程师享有合同赋予监理单位的全部权利，全面负责受委托的监理工作。总监理工程师在授权范围内发布有关指令，签认所监理的工程项目有关款项的支付凭证。没有总监理工程师签字，建设单位不向施工单位拨付工程款，没有总监理工程师签字，建设单位也不组织进行竣工验收。总监理工程师有权建议撤销不合格的工程建设分包单位和项目负责人及有关人员。

第三十八条 监理工程师应当按照工程监理规范的要求，采取旁站、巡视平行检验等形式，对建设工程实施监理。

［释义］ 本条是对监理工程师应当按监理规范的要求，所采取监理形式的规定。

首先，由于工程施工的不可逆性，监理要对整个工程的施工过程网络实施全面控制，以各个工序的过程质量来保证整个工程的总体质量，旁站、巡视、平行检验等形式，充分体现了抓工序质量来保证总体质量的概念。其次，监理不能仅仅是事后把关，而要对施工过程实施预控,上述形式,对本道工序是过程控制,而对后续工序则又是预控手段。第三,上述形式不能理解为监理单位控制措施可以代替施工单位质量体系的作用,而应强制监理单位通过上述形式,及时、有效地监督施工单位发挥自身质量体系的作用,以达到"双管齐下"的效果。

所谓"旁站"是指对工程中有关地基和结构安全的关键工序和关键施工过程,进行连续不断地监督检查或检验的监理活动,有时甚至要连续跟班监理。"巡视"主要是强调除了关键点的质量控制外,监理工程师还应对施工现场进行面上的巡查监理。"平行检验"主要是强调监理单位对施工单位已经检验的工程应及时进行检验。对于关键性、较大体量的工程实物,采取分段后平行检验的方式,有利于及时发现质量问题,及时采取措施予以纠正。

工程监理规范由建设行政主管部门组织制定,内容主要有监理工作程序、监理大纲、细则的编制以及相应文书、表格的格式等。所以监理单位都应遵守工程监理规范的规定,规范自己的监理行为,努力提高监理工作质量。

第六章 建设工程质量保修

本章共四条,对建设工程实行质量保修制度,建设工程的最低保修期限,建设工程保修的责任履行,建设工程超过合理使用年限后继续使用的办法作出了规定。

本《条例》对建设工程竣工后的质量保修设专章加以规定,是国家维护建设工程使用者合法权益的一项重要措施,也是对《建筑法》第六十一条第一款和第六十二条(建筑工程实行质量保修制度。建筑工程的保修范围应当包括地基基础工程、主体结构工程、屋面防水工程和其他土建工程,以及电气管线、上下水管线的安装工程,供热、供冷系统工程等项目。保修的期限应当按照保证建筑物合理寿命年限内正常使用,维护使用者合法权益的原则确定。具体的保修范围和最低保修期限由国务院规定)的细化。这些规定对工程在使用阶段,确保工程的安全使用,充分发挥使用功能是十分必要的。

第三十九条 建设工程实行质量保修制度。

建设工程承包单位在向建设单位提交工程竣工验收报告时,应当向建设单位出具质量保修书。质量保修书中应当明确建设工程的保修范围、保修期限和保修责任等。

[释义] 本条是关于建设工程实行质量保修制度,以及建设工程承包单位向建设单位承诺保修义务的形式和内容的规定。

(一)建设工程实行质量保修制度是《建筑法》所确定的重要法律制度,也是本《条例》进一步明确的一项重要制度,健全、完善的建设工程质量保修制度,对于促进承包方加强质量管理,保护用户及消费者的合法权益可起到重要的保障作用。

建设工程质量保修制度是指建设工程在办理竣工验收手续后,在规定的保修期限内,因勘察、设计、施工、材料等原因造成的质量缺陷,应当由施工承包单位负责维修、返工或更换,由责任单位负责赔偿损失。质量缺陷是指工程不符合国家或行业现行的有关技术标准、设计文件以及合同中对质量的要求等。

建设工程实行质量保修制度是落实建设工程质量责任的重要措施。以往建设工程竣工以后,一旦出现质量缺陷,由于质量责任不明确,建设单位、勘察设计单位、施工企业、以及材料供应等单位扯皮现象比较严重;保修履行责任人不明确,保修不及时,经济损失相互推诿,建设单位无法协调,使用者意见很大。

(二)本条第二款明确了保修的质量责任和保修承诺的书面形式及主要内容。工程保修的主体是建设工程的承包单位,通常指施工单位;工程保修的客体是建设工程;工程保修的服务对象是建设单位;工程质量保修的承诺应由承包单位以工程质量保修书这一书面形式来体现。

《建设工程质量保修书》是一项保修合同,是承包合同所约定双方权利义务的延续,是施工企业对竣工验收的建设工程承担保修责任的法律文本。

建设工程质量保修书的实施是建设工程质量责任完善的体现。在商品市场，购买小到几十元甚至几元钱的商品，商品生产厂家都必需出具质量保修卡。而建设工程造价几十万元，几百万元甚至几亿元，如果没有保修约定，对建设单位有失公平，是不符合权利义务对等的市场经济准则的。建设工程承包单位在竣工验收时，向建设单位出具工程质量保修书，是落实竣工后质量责任的有效措施。

本条第二款还对工程质量保修书的内容作了以下几方面的规定。

1. 工程质量保修书的交付时间。

建设工程承包单位应在向建设单位提交工程竣工验收报告资料时，向建设单位出具工程质量保修书。

2. 工程质量保修书的主要内容。

（1）保修范围：

按《建筑法》第六十二条规定，保修范围应包括：地基基础工程、主体结构工程、屋面防水工程和其他土建工程，以及电气管线，上下水管线的安装工程，供热供冷系统等项目。

（2）保修期限：按《建筑法》第六十二条规定保修期限应当按照保证建筑物合理寿命年限内正常使用，维护使用者合法权益的原则确定。遵照《建筑法》的规定，本《条例》在第四十条中对此作出了具体规定。

（3）承诺保修责任：

建设工程承包单位向建设单位承诺保修范围，保修期限和有关具体实施保修的有关规定和措施，如保修的方法、人员和联络办法，答复和处理的时限，不履行保修责任的罚则等。

对于涉及国计民生的公共建筑，特别是住宅工程的质量保修，《城市房地产开发经营管理条例》第四章第三十一条规定，"房地产开发企业应当在商品房交付使用时，向购买人提供住宅质量保证书和住宅使用说明书"，对住宅工程质量保修制度的执行提出了更高的要求。

施工单位在《建设工程质量保修书》中对建设单位合理使用工程应有提示。因建设单位或用户使用不当或擅自改动结构、设备位置或不当装修和使用等造成的质量问题，施工单位不承担保修责任；因此而造成的房屋质量受损或其他用户损失，由责任人承担相应责任。

第四十条 在正常使用条件下，建设工程的最低保修期限为：

（一）基础设施工程、房屋建筑的地基基础工程和主体结构工程，为设计文件规定的该工程的合理使用年限；

（二）屋面防水工程、有防水要求的卫生间、房间和外墙面的防渗漏，为5年；

（三）供热与供冷系统，为2个采暖期、供冷期；

（四）电气管线、给排水管道、设备安装和装修工程，为2年。

其他项目的保修期限由发包方与承包方约定。

建设工程的保修期，自竣工验收合格之日起计算。

［释义］ 本条是关于建设工程的最低保修年限和保修期起始日的计算办法的规定。

（一）本条所规定的最低保修期限应理解为根据《建筑法》第六十二条中规定的"保证建筑物合理寿命年限内正常使用，维护使用者的权益"原则确定的最起码的期限。国务院根据《建筑法》的授权在《条例》中对最低保修期作了明确的规定：

（1）基础设施工程、房屋建筑的地基基础工程和主体结构工程，关系到基础设施工程和房屋建筑的整体安全可靠，必须在设计文件规定的该工程的合理使用年限内予以保修；

（2）屋面防水工程、有防水要求的卫生间、房间和外墙面，一般如果在5年内不渗漏，质量就会趋于稳定；

（3）供热与供冷系统，一般如果在2个采暖期、供冷期内不出现问题，质量就会趋于稳定；

（4）电气管线、给排水管道、设备安装和装修工程，一般如果在 2 年内不出现问题，质量就会趋于稳定。

建设单位、施工单位、勘察设计单位必须严格执行。如建设单位和施工承包单位另有保修约定合同，其合同中保修期限可以长于所规定的最低保修期限，但不应低于本条所列的最低年限，否则视作无效。

（二）本条第二款提出了除本条（1）~（4）项规定的项目外的其他工程项目的保修期限由发包方或承包方约定。必须指出的是 1. 这类项目要不要保修，要在合同中约定；2. 保修期限由发包方（通常指建设单位）和承包施工单位约定，但必须有书面形式；3. 约定中：保修期限不得违反《建筑法》要保证建筑物的合理寿命年限内正常使用和维护使用者的原则；4. 约定要符合有关法律（《民法通则》和《合同法》）的要求。

（三）保修期的起始日是竣工验收合格之日。竣工验收合格之日的确定，是指建设单位收到建设工程竣工报告后，组织设计、施工、工程监理等有关单位进行竣工验收，验收合格并各方签收竣工验收之文本的日期。按照本《条例》第四十九条第二款的规定，"建设行政主管部门或者其他有关部门发现建设单位在竣工验收过程中有违反国家有关建设工程质量管理规定行为的，责令停止使用，重新组织竣工验收。"那时的保修期为各方都认可的重新组织竣工验收的日期。但是，住宅工作售房单位对用户的保修期要从房屋出售之日起计算。

第四十一条 建设工程在保修范围和保修期限内发生质量问题的，施工单位应当履行保修义务，并对造成的损失承担赔偿责任。

［释义］ 本条对建设工程在保修范围和保修期限内发生质量的保修义务的责任落实和损失赔偿责任的承担作出了规定。

本条款对建设工程保修责任制的实施作出了具体的规定：1. 建设工程保修的质量问题是指保修范围和保修期限内发生的质量问题。2. 施工单位必须履行保修义务，明确了保修的责任者。3. 施工单位对造成的损失承担赔偿责任。保修义务的承担及维

修的经济责任的承担应按下述原则处理:

(1) 施工单位未按国家有关规范、标准和设计要求施工,造成的质量缺陷,由施工单位负责返修并承担经济责任。

(2) 由于设计方面的原因造成的质量缺陷,先由施工单位负责维修,其经济责任按有关规定通过建设单位向设计单位索赔。

(3) 因建筑材料、构配件和设备质量不合格引起的质量缺陷,先由施工单位负责维修,其经济责任属于施工单位采购的或经其验收同意的,由施工单位承担经济责任;属于建设单位采购的,由建设单位承担经济责任。

(4) 因建设单位(含监理单位)错误管理造成的质量缺陷,先由施工单位负责维修,其经济责任由建设单位承担,如属监理单位责任,则由建设单位向监理单位索赔。

(5) 因使用单位使用不当造成的损坏问题,先由施工单位负责维修,其经济责任由使用单位自行负责。

(6) 因地震、洪水、台风等不可抗拒原因造成的损坏问题,先由施工单位负责维修,建设参与各方根据国家具体政策分担经济责任。

对在保修期限和保修范围内发生质量问题的,一般应先由建设单位组织勘察、设计、施工等单位分析质量问题的原因,确定保修方案,由施工单位负责保修。但当问题严重时和紧急时,不管是什么原因造成的,均先由施工单位履行保修义务,不得推诿和扯皮。对引起质量问题的原因则实事求是,科学分析,分清责任,按责任大小由责任承担不同比例的经济赔偿。这里的损失,既包括因工程质量问题造成的直接损失,即用于返修的费用,也包括间接损失。如给使用人或第三人造成的财产或非财产损失等。

在保修期后的建筑物合理使用寿命内,因建设工程使用功能的质量缺陷造成的工程使用损害,由建设单位负责维修,并承担责任方的赔偿责任。

第四十二条 建设工程在超过合理使用年限后需要继续使用

的，产权所有人应当委托具有相应资质等级的勘察、设计单位鉴定，并根据鉴定结果采取加固、维修等措施，重新界定使用期。

[释义] 本条是对建设工程在超过合理使用年限后需要继续使用时的具体规定。

本条所称的"合理使用年限"，目前国家还没有具体的规定。每个工程根据其本身的重要程度、结构类型、质量要求以及使用性能等的个性特点所确定的使用年限是不同的。目前，有关部门正在进行确定各类工程合理使用年限的研究。《条例》第二十一条明确规定"设计文件应当符合国家规定的设计深度要求，注明工程合理使用年限"。因此，今后，设计文件必须注明工程合理使用年限。

确定建设项目的合理使用年限，并不意味着超过合理使用年限后，工程就一定报废拆除，经过鉴定加固后，仍可继续使用。本条对建设工程在超过合理使用年限后需要继续使用的处理方法作出了明确的政策规定。

1. 超过合理使用年限后需要继续使用的主要责任者是产权所有人。

2. 产权所有人必须委托具有相应资质条件的勘察单位，设计单位进行鉴定。鉴定单位应出具鉴定报告，对工程能否继续使用作出明确的结论。鉴定结果中对不能继续使用的必须有的强制性的结论。

3. 根据鉴定结果，如能继续使用，一般要进行加固、维修和补强。产权所有人必须请有相应资质等级的勘察、设计单位提出技术加固措施，委托有资质的施工企业进行施工，进行竣工验收，并妥善保存技术档案。

4. 设计单位在进行房屋继续使用的加固技术设计时，必须在设计文件中重新界定使用期，再次确定继续使用的合理使用年限。

5. 鉴定是建设工程超过合理使用年限后继续使用的法定程序，未经有相应资质等级的勘察、设计单位鉴定，或鉴定不能继续使用，或必须加固、维修和补强而未进行有关作业活动的，该工程不得继续使用；否则所产生的后果由产权所有人负责。

第七章 监督管理

本章共十一条，规定了国家实行建设工程质量监督管理制度。

为了确保建设工程质量，保障公共安全，保护人民群众生命和财产安全，政府必须加强建设工程质量的监督管理。因此，在本条例中用了专门一章来规定政府有关部门对建设工程质量的监督管理，主要内容包括建设工程质量监督管理职责、范围的划分，质量监督管理工作的实施机构和有权采取的强制性措施，建设工程竣工验收备案制度，建设工程质量事故报告制度等规定。

第四十三条 国家实行建设工程质量监督管理制度。

国务院建设行政主管部门对全国的建设工程质量实施统一监督管理。国务院铁路、交通、水利等有关部门按照国务院规定的职责分工，负责对全国的有关专业建设工程质量的监督管理。

县级以上地方人民政府建设行政主管部门对本行政区域内的建设工程质量实施监督管理。县级以上地方人民政府交通、水利等有关部门在各自的职责范围内，负责对本行政区域内的专业建设工程质量的监督管理。

［释义］ 本条明确了国家实行建设工程质量监督管理制度，并规定了建设工程质量监督管理体制。

（一）本条规定了国家实行建设工程质量监督管理制度。政府质量监督作为一项制度，以法规的形式在条例中加以明确，强调了建设工程的质量必须实行政府监督管理。所谓建设工程质量监督管理是指国家各级建设行政主管部门和国务院铁路、交通、水利等有关专业部门依据有关法律、法规以及规定的职权，代表国家对建设工程质量活动进行的监督和管理行为。国家对工程质量的监督管理主要是以保证建筑工程使用安全和环境质量为主要目的，以法律、法规和强制性标准为依据，以地基础、主体结构、环境质量和与此相关的工程建设各方主体的质量行为为主要内容，以施工许可制度和竣工验收备案制度为主要手段。建设工程质量监督管理具有以下几个特点：第一，它具有权威性，建设工程质量监督体现的是国家意志，是由建设行政主管部门或国务院铁路、交通、水利等有关部门代表国家依法行使的职责，任何单位和个人从事工程建设活动都应当服从这种监督管理。第二，建设工程质量监督管理具有强制性，这种监督是由国家的强制力来保证的，任何单位和个人不服从这种监督管理都将受到法律的制裁。第三，建设工程质量监督管理具有综合性。这种监督管理并不局限于某一个阶段或某一个方面，而是贯穿于建设活动的全过程，并适用于建设单位、勘察、设计单位、建筑施工单位、工程建设监理单位。

政府有关部门对建设工程的质量进行必要的监督检查，也是国际惯例。美国各个城市市政当局都设有建筑工程质量监督机构，对辖区的各类公共投资工程和私人投资工程进行强制性监督检查；德国各州政府也设有类似机构，并有完善的质量监督工程师制度。欧美国家的政府质量监督检查，包括施工图设计审查和施工过程的检查，一般委托给有关机构进行。

（二）本条规定的国家建设工程质量监督管理，实行国务院建设行政主管部门统一监督管理，各专业部门按照国务院确定的职责分别对其管理范围内的专业工程进行监督管理。根据国务院批准的"三定"方案的规定，建设部是综合管理全国"三建三业"等建设事业的职能部门，国务院铁路、交通、水利等有关部门分别对专业建设工程进行管理。

县级以上人民政府建设行政主管部门在本行政区域内实行建设工程质量监督管理，专业部门按其职责对本专业建设工程质量实行监督管理，并对所管理的工程质量负责。

这种管理体制明确了政府各部门的职责，职权划分清晰，权力与职责一致，谁管理谁负责，有利于对建设工程质量实施监督管理。

第四十四条　国务院建设行政主管部门和国务院铁路、交通、水利等有关部门应当加强对有关建设工程质量的法律、法规和强制性标准执行情况的监督检查。

〔释义〕　本条是关于国务院建设行政主管部门及有关部门依法对建设工程质量进行监督检查的规定。

本条规定国务院建设行政主管部门和有关部门负有对建设工程质量监督检查的职责，有责任依据法律、法规和国家强制性标准对参加建设工程活动的主体各方行为以及建设工程实物质量进行监督、检查。国务院建设行政主管部门在建设工程质量监督方面履行下列职责：贯彻国家有关建设工程质量的法律、法规、政策，制定建设工程质量监督的有关规定和实施细则；指导全国建设工程质量监督工作；制定工程质量监督机构和质量监督工程师的资格标准、考核审批和管理办法；组织全国工程质量检查等。国务院各部门的监督检查除了日常的监督管理外，还包括各类执法检查，如最近几年建设部与监察部等部门组织的工程建设项目执法检查，也包括各种质量检查，如建设部每两年组织的全国质量检查。条例中做出这样的规定，有利于强化政府的监督力度，有利于更好地督促各级地方政府主管部门认真履行职责，确保建设工程质量，有利于推动国家有关建设工程质量法律、法规和强制性标准以及质量责任制的落实，有利于建设工程质量的提高。

第四十五条　国家发展计划主管部门按照国务院规定的职责，组织稽查特派员，对国家出资的重大建设项目实施监督检查。

国家经济贸易主管部门按照国务院规定的职责，对国家重大技术改造项目实施监督检查。

〔释义〕　本条是关于国务院发展计划部门和经济贸易主管部门按照各自职责对重大建设工程和重大技术改造项目实施监督管理的规定。

根据国务院批准的"三定"方案，国家发展计划委员会负责组织向国家出资的重大建设项目派出稽查特派员，就重大建设项目建设过程中工程投招、建设进度、工程质量、资金使用以及投资概算的控制进行监督检查。国家经济贸易委员会对重大技术改造项目进行指导和协调，组织推动技术创新工作并进行监督检查。本规定的目的在于强化重大建设项目和技术改造项目的监督检查。

第四十六条 建设工程质量监督管理，可以由建设行政主管部门或者其他有关部门委托的建设工程质量监督机构具体实施。

从事房屋建筑工程和市政基础设施工程质量监督的机构，必须按照国家有关规定经国务院建设行政主管部门或者省、自治区、直辖市人民政府建设行政主管部门考核；从事专业建设工程质量监督的机构，必须经国务院有关部门或者省、自治区、直辖市人民政府有关部门考核。经考核合格后，方可实施质量监督。

［释义］ 本条是关于建设工程质量监督管理可委托有关机构具体实施机构，以及对其考核、认可的规定。

（一）对建设工程质量进行监督管理的主体是各级政府建设行政主管部门和其他有关部门，但是，因为建设工程周期长，环节多，点多面广，工程质量监督工作是一项专业性强、技术性强，而且又很繁杂的工作，政府部门不可能有庞大的编制，亲自进行日常检查工作，这就需要委托由政府认可的第三方，即具有独立法人资格的单位来代行工程质量监督职能，也就是说，建设工程质量的监督管理职责可以由建设行政主管部门或者其他有关部门委托的工程质量监督机构承担。

所谓行政执法的委托是指享有行政执法权的行政机关将其拥有的行政执法委托给其他行政机关或组织行使。受委托实施行政执法的行政机关或组织在委托范围内，以委托的行政机关的名义实施行政执法。行政执法的委托与授权存在着质的区别。在行政执法的授权中，被授权者的执法权直接来源于法律、行政法规的授权，被授权者取得行政执法主体的资格，能以自己的名义行使行政执法，并以自己的名义承担法律后果；在行政执法的委托中，受委托人的执法权来源于行政机关的委托，受委托人没有行政执法主体资格，受委托人只能以委托机关的名义行使行政执法权，其行为后果也由委托机关承担。

（二）本条所指的工程质量监督机构是指经建设行政主管部门或其他有关部门考核，具有独立法人资格的单位。它受政府建设行政主管部门或有关专业部门的委托，对建设工程质量具体实施监督管理，向委托的政府有关部门出具工程质量监督报告，并对委托的政府有关部门负责。

工程质量监督机构的基本条件是：1. 工程质量监督机构是经建设行政主管部门或其他有关部门考核认定，具有独立法人资格的单位。2. 建设工程质量监督机构必须拥有一定数量的质量监督工程师，有满足工程质量监督检查工作需要的工具和设备。有关工程质量监督机构的资质标准、工程质量监督工程师注册办法，目前正由建设部制定。

工程质量监督机构的基本职责：办理建设单位工程建设项目报监手续，收取监督费；依照国家有关法律、法规和工程建设强制性技术标准，对建设工程的地基基础、主体结构及相关的材料、构配件、商品混凝土的质量进行检查。对与被检查实物质量有关的工程建设参与各方主体的质量行为及工程质量文件进行检查，发现有影响工程质量的问题时，有权采取局部暂停施工等强制性措施，直到问题得到改正；对建设单位组织的竣工验收程序等实施监督，察看其验收程序是否合法，资料是否齐全，实物质量是否存有严重缺陷；工程竣工后，工程质量监督机构应向委托的政府有关部门报送工程质量监督报告，主要内容为地基基础和主体结构检查的结论，工程竣工验收是否符合规定，以及历次抽查发现的质量问题及处理情况。对需要实施行政处罚的，报告委托的政府部门进行行政处罚。

（三）本条强调了从事房屋建筑工程和市政基础设施工程的质量监督机构，必须按照国家有关规定经国务院建设行政主管部门或省、自治区、直辖市人民政府建设行政主管部门考核；从事专业工程质量监督的机构，也必须经国务院有关部门或者省、自治区、直辖市人民政府有关部门考核，经考核合格后，方可实施质量管理。考核工作按建设工程质量监督管理有关规定的要求进行，考核内容包括监督站的资质条件，监督员的资格条件和监督机构必须具备的管理制度。

施工图设计文件审查也是政府质量监督管理的一项重要内容，审查机构要经政府有关部门认可，受政府委托开展审查工作。如建筑工程设计的审查机构应符合以下条件：1. 具有符合设计审查条件的工程技术人员组成的独立法人实体；2. 有固定的工作场所，注册资金不少于20万元；3. 有健全的技术管理和质量保证体系；4. 具有符合条件的结构审查人员不少于6人；勘察、建筑和其他配套专业的审查人员不少于7人；5. 审查人员应当熟悉国家和地方现行的强制性标准规范。其中审查人员应具备以下条件：1. 具有10年以上结构设计工作经历，独立完成过五项二级以上（含二级）项目工程设计的一级注册结构工程师、高级工程师，年满35周岁，最高不超过65周岁；2. 有独立工作能力，并有一定语言文字表达能力；3. 有良好的职业道德。

第四十七条 县级以上地方人民政府建设行政主管部门和其他有关部门应当加强对有关建设工程质量的法律、法规和强制性标准执行情况的监督检查。

［释义］ 本条是县级以上地方人民政府职能部门对建设工程质量监督检查内容的规定。

（一）根据本条的规定，县级以上地方人民政府建设行政主管部门和其他有关部门及其委托的建设工程质量监督机构，应加强对有关建设工程质量法律、法规和强制性标准执行情况进行监督检查。本条的规定与《条例》第四十四条的规定共同构成了工程质量监督管理的主体。

根据有关规定，省、自治区、直辖市建设行政主管部门履行下列建设工程质量方面的职责：贯彻国家有关建设工程质量的法律、法规、政策，制定本地区建设工程质量监督工作的有关规定和实施细则；对本地区市、区、县质量监督机构考核、认定；组织对工程监督工程师和监督员的考核，组织本地区的质量检查。各级城市、地、区、县建设行政主管部门履行下列质量监督方面的职责：贯彻国有和地方有关建设工程质量管理的法律、法规、政策；委托质量监督机构具体实施工程质量监督；在工程竣工验收后，接受质量监督机构报送的工程质量监督报告和建设单位申请工程竣工验收备案的有关资料，并决定是否办理备案手续；对上报的需实施行政处罚的报告进行审核，并依法对工程建设有关主体实施行政处罚。

（二）有关建设工程质量的法律、法规，如《建筑法》、《招标投标法》、《计量法》、《土地管理法》、《标准化法》、《城市规划法》、《产品质量法》、《合同法》、《消防条例》、《城市房地产经营管理条例》、《注册建筑师条例》、《建设工程质量管理条例》等。这里的法规包括了国务院发布的行政法规和地方人大发布的地方性法规。部门规章和地方人民政府发布的规章，只要不与国家相关的法律、法规相低触，仍然可以继续执行。

（三）建设工程强制性标准包括：各类工程的勘察、设计、施工、安装、验收等项内容所制定的标准，有关安全、卫生、环境、基本功能要求的标准；必须在全国统一的规范、公差计算单位、符号、术语建筑标语与制图方法等基础标准；与评价质量有关的试验方法和检测方法标准；对工程质量有重要影响的工程和产品标准；建设工程勘察、设计、施工及验收的规范等。

第四十八条 县级以上人民政府建设行政主管部门或者其他有关部门履行监督检查职责时，有权采取下列措施：

（一）要求被检查的单位提供有关工程质量的文件和资料；

（二）进入被检查单位的施工现场进行检查；

（三）发现有影响工程质量的问题时，责令改正。

［释义］ 本条规定了县级以上人民政府建设行政主管部门或者有关部门履行监督检查职责时，有权采取的措施。

建设行政主管部门或有关专业主管部门及其委托的工程质量

监督机构，对建设工程的质量检查，以抽查为主要方式。在履行监督检查职责时，参与工程建设的有关责任主体，应予积极配合，同时，为保证监督检查工作得以正常进行，法律赋予了监督检查人员必要的权力。

县级以上人民政府建设行政主管部门或者有关部门履行监督检查职责时，有权采取以下措施：

（一）要求被检查的单位提供有关工程质量的文件和资料。监督检查的主要内容是工程实物质量和与工程质量有关的文件、资料，因此，监督检查人员有权要求被检查的单位提供有关工程质量的文件和资料，被检查单位包括工程建设参建各方责任主体，应如实提供所有与工程质量相关的各种文件和资料，接受检查。

与工程质量有关的文件和资料主要包括：

（1）工程规划许可证；

（2）监理单位资质证书、监理合同及《工程项目监理登记表》；

（3）设计单位资质等级证书；

（4）施工单位资质等级证书及营业执照副本；

（5）工程勘察设计文件；

（6）中标通知书及施工承包合同；

（7）有关保证工程质量的管理制度质量责任制（检查其质量责任制落实情况和管理制度是否健全，质量体系运行情况）；

（8）操作人员主要专业工种的岗位证书（检查应持证上岗的特殊工种作业人员是否符合规定）；

（9）设计文件、图纸及变更设计洽商（检查是否按图施工，有无擅自修改设计的现象）；

（10）工程地质勘察资料（检查地质实际与勘察资料是否相符）；

（11）施工组织设计及施工现场总平面布置图（检查是否按施工组织设计组织施工，检查施工现场布置是否有利于工程质量控制）；

（12）施工方案、质量控制措施及各类技术交底（检查是否有效控制工程质量）；

（13）有关本工程需用的国家标准、规定、规程（检查有关标准、规范执行情况）；

（14）本企业工艺操作规程、企业标准（检查施工过程中生产控制，合格控制手段）；

（15）工程施工过程中应具备的各种质量保证资料及质量评定资料（检查是否齐全、有效，是否随施工进度及时整理，反映工程实际的质量状况）；

（16）监理单位有关工程质量管理、监督检查、质量控制的资料（检查监理工作质量和监理行为是否按国家法律，法规、技术标准实施监理业务）；

（17）专业分包队伍的资质，资格文件（检查分包单位的资质，资格是否符合规定）；

（18）其他资料。

（二）有进入施工现场进行检查的权力。建设工程的施工现场是施工单位负责看管的建设单位的物业和财产，一般人员进入须征得建设单位或施工单位的同意，但监督管理人员进行检查时，是代表国家执行公务，拥有强行进入施工现场并进行检查的权力。抽查的主要内容：

1. 现场各种原材料、构配件、设备的采购、进场验收和管理使用情况是否符合国家的标准和合同约定，检查产品供应单位的资格和产品质量；

2. 搅拌站及计量设备的设置及计量措施能否保证工程质量；

3. 检查工程施工质量是否符合国家标准、规范规定的质量标准和要求；是否按设计图纸施工；

4. 检查操作人员是否按工艺操作规程施工及有无违章和偷工减料行为；

5. 检查参与建筑活动的各方主体行为是否符合国家有关

规定。

（三）质量监督人员在检查中发现工程质量存在问题时，有权签发整改通知，责仅限期改正；发现存在涉及结构安全和使用功能的严重质量缺陷、工程质量管理失控时，有权责令暂停施工或局部暂停施工等强制措施，以便立即改正；对发现结构质量隐患的工程有权责令进行检测，根据检测结构，要求建设单位整改。需要行政处罚的，由工程质量监督机构报政府委托部门查处。

第四十九条　建设单位应当自建设工程竣工验收合格之日起15日内，将建设工程竣工验收报告和规划、公安消防、环保等部门出具的认可文件或者准许使用文件报建设行政主管部门或其他有关部门备案。

建设行政主管部门或者其他有关部门发现建设单位在竣工验收过程中有违反国家有关建设工程质量管理规定行为的，责令停止使用，重新组织竣工验收。

［释义］　本条是关于建立建设工程竣工验收备案制度的规定。

建设工程竣工验收备案制度是加强政府监督管理，防止不合格工程流向社会的一个重要手段。建设单位应依据国家有关规定，在工程竣工验收合格后的15日内到县级以上人民政府建设行政主管部门或其他有关部门备案。建设单位申请办理竣工备案应提交以下材料：1.房屋建筑工程竣工验收备案表；2.建设工程竣工验收报告（包括工程报建日期，施工许可证号，施工图设计文件审查意见，勘察、设计、施工、工程监理等单位分别签署意见及验收人员签署的竣工验收原始文件等）；3.规划、消防、环保等部门出具的认可文件或者准许使用文件；4.施工单位签署的工程质量保修书，住宅工程的《住宅工程质量保证书》和《住宅工程使用说明书》。办理竣工验收备案时应符号有关程序规定要求。建设行政主管部门或其他有关部门收到建设单位的竣工验收备案申请后，依据质量监督机构的监督报告，对备案申请进行审查，发现建设单位在竣工验收过程中有违反国家有关建设工程质量管理规定行为的，责令停止使用，限期整改，重新组织竣工验收后，再办理竣工验收备案。并根据本条例依法对建设单位进行行政处罚。

第五十条　有关单位和个人对县级以上人民政府建设行政主管部门或者其他有关部门进行的监督检查应当支持与配合，不得拒绝与阻碍建设工程质量监督检查人员依法执行职务。

［释义］　本条是关于建设行政主管部门或者其他有关部门及其委托的工程质量监督机构依法执行监督检查公务活动时，应受到法律保护的规定。

建设行政主管部门或其他有关部门及其委托的工程质量监督机构是对建设工程质量实施监督管理和监督检查的行政执法机构，是为了保护公民、法人和其他组织的合法权益，实施监督检查，纠正违法行为的机构，各有关单位和个人应支持和配合，不得拒绝和阻碍其依法执行公务。

《行政处罚法》规定，"公民、法人或者其他组织违反行政管理秩序的行为，应当受到行政处罚。"《违反行政处罚暂行规定》第三十七条规定："对于无理阻挠，拒绝执法人员依法行使职权，打击报复执法人员的单位和个人，由行政主管部门或者有关部门视情节轻重，根据法律、法规规定依法追究其责任。《刑法》第二百七十七条规定，"以暴力、威胁方法阻碍国家机关工作人员依法执行职务的，处三年以下有期徒刑、拘役、管制或者罚金"。《治安管理处罚条例》第十九条规定，"拒绝、阻碍国家工作人员依法执行职务，未使用暴力、威胁方法的，""处15日以下拘留、200元以下罚款或者警告"。

第五十一条　供水、供电、供气、公安消防等部门或者单位不得明示或暗示建设单位、施工单位购买其指定的生产供应单位的建筑材料、建筑构配件和设备。

［释义］　本条是关于供水、供电、供气、公安消防等部门或者单位不得滥用权力的规定。

根据《反不正当竞争法》的规定,"政府及其所属部门不得滥用行政,限定他人购买其指定的经营者的商品,限制其他经营者的正当的经营活动。"《反不正当竞争法》还规定了"公用企业或者其他依法具有独立地位的经营者,不得限制他人购买其指定的经营者商品,以排挤其它经营者的公平竞争。"本条的规定实际上是《反不正当竞争法》限制性竞争行为在工程建设领域的重要体现。目前,有关部门和单位指定生产厂家或产品的现象很多,如供水单位指定水暖管材,供电单位指定的电器开关,供求气单位指定燃气设备,公安消防部门指定消防器材,电信部门指定电信设施等,如建设单位或施工单位不采用,就在竣工验收时故意刁难或不予验收,不准投入使用。政府有关部门这种滥用职权的行为,是法律所不允许的。第一,这种滥用权力的行为限制了建设单位,施工单位在产品采购上的自主权,出现质量问题后导致扯皮,同时对由于产品质量问题造成的工程质量隐患增加了处理的难度;第二,这种滥用权力的行为也同时限制了其它生产制定该类建筑材料、建筑构配件、设备厂商的平等竞争权,妨碍了公平竞争,往往保护了落后,使大批劣质材料、用到了工程上,给工程带来严重的质量隐患。因此,国家和各级人民政府主管供水、供电、供气和公安消防部门或者单位也要遵守法律不得滥用权力。

第五十二条　建设工程发生质量事故,有关单位在 24 小时内向当地建设行政主管部门和其他有关部门报告。对重大质量事故,事故发生地的建设行政主管部门和其他有关部门应按照事故类别和等级向当地人民政府和上级建设行政主管部门和其他有关部门报告。

特别重大质量事故的调查程序按照国务院有关规定办理。

[释义]　本条是对建设工程质量事故报告制度的规定。

(一)为了做到建设工程质量事故发生后,能及时上报并认真组织调查和处理,以有利于维护国家财产和人民生命安全,《条例》对质量事故的报告制度作出了规定。本《条例》所称重大质量事故,系指在工程建设过程中违反强制性技术标准及合同约定,达不到建设工程安全、寿命、功能等要求,并造成一定的经济损失或人身伤亡的事故。

按照《工程建设重大事故报告和调查程序规定》(建设部第3号部令),重大工程质量事故分为四个等级:一级为直接经济损失在 300 万元以上;二级为直接经济损失在 100 万元以上,不满 300 万元;三级为直接经济损失在 30 万元以上,不满 100 万元;四级为直接经济损失在 10 万元以上,不满 30 万元。直接经济损失在 10 万元以下,5000 元以上的工程质量事故,由各地区、各部门制定管理办法,经济损失不足五千元的列为质量问题,由企业自行管理。建设部将会同有关部门抓紧对质量事故等级标准进行修订。

(1) 建设工程质量事故发生后,事故发生单位必须以最快的方式,将事故的简要情况向上级主管部门和事故发生地的市、县级人民政府建设行政主管部门及公安、检察、劳动(如有人身死亡)部门报告;若事故发生单位属于国务院有关主管部门的,应同时向国务院有关主管部门报告。

事故发生地的市、县级人民政府建设行政主管部门接到报告后,应当立即向人民政府和省、自治区、直辖市建设行政主管部门报告;省、自治区、直辖市建设行政主管部门接到报告后,应当立即向人民政府和建设部报告。

(2) 重大事故发生后,事故发生单位应当在 24 小时内写出书面报告,按规定的程序向有关部门上报。重大工程质量事故报告的内容包括:事故发生的时间、地点、工程项目、企业名称;事故发生的简要经过,死亡人数和直接经济损失的初步估计;发生事故原因的初步判断;事故发生后采取的措施及事故控制情况;事故报告单位。

(3) 事故发生后,事故发生单位和事故发生地的建设行政主管部门,应当严格保护事故现场,采取有效措施抢救人员,防止事故扩大。

(二) 特别重大质量事故的调查处理，按国务院规定办理，事故报告要及时，不得隐瞒、虚报或拖延不报。

根据国务院《特别重大事故调查程序暂行规定》及相关文件的规定，工程建设领域特别重大事故是指发生一次死亡 30 人及其以上，或直接经济损失在 500 万元及其以上，或其他性质特别严重，产生重大影响的事故。

特大事故发生后，除按本条第一款规定的报告外，省、自治区、直辖市人民政府和国务院归口管理部门，接到特大事故报告后，应当立即向国务院作出报告。特大事故发生后，按照事故发生单位的隶属关系，由省、自治区、直辖市人民政府或国务院归口管理部门组织成立特大事故调查组，负责事故的调查工作；国务院认为应当由国务院调查的特大事故，由国务院或国务院授权的部门组织成立特大事故调查组。

第五十三条 任何单位和个人对建设工程的质量事故、质量缺陷都有权检举、控告、投诉。

［释义］ 本条是关于建设工程质量实行社会监督的规定。

依据《建筑法》的有关内容，本《条例》中明确规定"任何单位和个人对建设工程质量事故、质量缺陷都有权检举、控告、投诉"。这是为了更好地发挥群众监督和社会舆论监督的作用，来保证建设工程质量的一项有效的措施。另外，在《消费者权益保护法》中也规定了"消费者有权检举、报告侵害消费者权益的行为。"建设工程质量问题也同样适用此规定。

建设行政主管部门和其他有关部门应当接受来自群众的检举、控告和投诉，并根据国家有关规定，认真处理。

第八章 罚 则

本章共 24 条，是对违反本《条例》的行为所应追究的法律责任的规定。

所谓违反《条例》的法律责任，是指工程建设参与各方的主体，由于其行为违反本《条例》规定的行为准则，必须承担的法律后果。它包含以下几层含义：第一，承担建设法律责任的主体不仅包括建设单位、勘察单位、设计单位、建筑施工单位以及监理单位，而且还包括管理机关等；不仅包括公民个人，也还包括外国人和无国籍的人。第二，实施了建设违法行为是承担法律责任的前提。没有违法行为，就不承担法律责任。第三，建设法律责任是一种消极的法律后果。第四，建设法律责任只能由有权的国家机关依法予以追究或者处理。

建设法律责任不同于其他社会责任，如政治责任、道义责任以及违反其他法律的责任。它具有以下几方面特点：①建设法律法规责任是不履行《建筑法》和《建设工程质量条例》等法律法规规定的义务引起的后果。建设工程质量罚则，是为了保证《建设工程质量条例》规定的义务得以实现，它是以法定义务为基础的，这里的义务有作为义务，也有不作为义务。②建设法律法规责任是必须有法律明文规定的，必须在《建筑法》、《建设工程质量条例》中明文规定，否则不能构成建筑法律法规责任。为了保护公民、法人及其他组织的基本权利，不难随意设置法律责任。③建设法律法规责任具有强制性。这种强制性表现于建设法律关系主体如果不履行《建设工程质量管理条例》明文规定的义务，国家就要予以追究。建设法律法规责任的追究机关有两类，一类是司法机关，另一类是建设行政主管部门或者有关部门。④建设法律法规责任主要形式有行政法律法规责任、民事法律责任和刑事法律责任。但在日常管理中，大量的责任形式都是行政法律责任，包括行政处罚和行政处分。

建设法律法规处罚的形式均有特定的含义。

一、行政处罚：指国家特定的行政机关对违法的单位或个人进行的处罚。在建设法律责任中行政处罚常见的形式有：

1. 警告：指行政机关对公民、法人或者其他组织违反行政管理法律规范的行为的谴责和警示，其目的是通过对违法行为人一种精神上的惩戒，以申明其有违法行为并使其以后不再违法，否则，就要受到更严厉的处罚。警告既适用于公民，也适用于法人和其他组织。

2. 罚款：指行政机关强迫违法行为人缴纳一定数额的货币的一种处罚。罚款就是依法对违法行为人财产权的剥夺，不管行为人是否侵犯了他人的财产权利，只有违反了法律、法规，危害了行政管理秩序，就可以依法予以罚款，这不同于民事上的赔偿责任（一定要构成对他人财产和其他合法权益的损害）。

3. 责令停产停业整顿：指行政机关责令违法当事人停止生产、经营活动，从而限制或者剥夺违法行为人生产、经营能力的一种处罚。

4. 暂扣或者吊销资质证书、许可证、执照和有关证照。指行政机关依法限制或者剥夺违法行为人某种资格的处罚。无论是许可证，还是执照，在本质上都是公民、法人或者其他组织的某种资格、能力符合法定条件，当这种条件发生变化或者行为人不符合这一条件，行政机关就要依法不承认行为人原来所取得的某种资格或者能力。

5. 降低资质等级。指行政地限制或者降低违法行为人某种资格的处罚。一般由原发证和资质审批机关实施处罚。

6. 没收非法所得，没收非法财物。没收违法所得是指行政机关依法将行为人通过违法行为获取的财产收归国有的处罚形式；没收非法物品是指行政机关依法将违禁物品或者用以实施违法行为的工具收归国有的处罚形式。

二、行政处分：指国家机关、企事业单位按干部、人事管理权限对机关工作人员和职工进行的惩罚。根据《行政监察法》和《国家公务员暂行条例》的规定，对于国家公务员的行政处分包括：警告、记过、记大过、降级、撤职、开除六种。根据《国有企业厂长（经理）奖惩办法》的规定，对于国有企业厂长（经理）的行政处分包括：降职、撤职、辞退和解聘。根据国务院颁布的《企业职工奖惩条例》的规定，对于全民所有制企业和城镇集体所有制企业的职工的行政处分包括：警告、记过、记大过、降级、撤职、留用察看、开除七种。

三、行政措施：主要是责令改正这一措施，指行政机关实施行政处罚时，以命令形式责令当事人停止违法行为，并改正或限期改正违法行为的一种行政教育措施。

本《条例》加大了处罚力度，所设定的罚款幅度和具体数额，有以下几个特点：一是，根据对工程建设资金数额的匡算，按照足以起到惩戒作用的原则，设定具体罚款；二是，根据违法行为的严重程度设定罚款，违法行为越重，处罚就越重；三是，为了完善责任追究制度，将质量责任落实到单位的直接负责主管人员和其他直接责任人员身上，对其处以单位罚款数额一定比例的罚款；四是，实行建设工程质量终身责任制，明确建设、勘察、设计、施工、工程监理单位的工作人员离任后，被发现在该单位工作期间违反国家有关建设工程质量管理规定，造成重大工程质量事故的，仍要依法追究法律责任。

第五十四条　违反本条例规定，建设单位将建设工程发包给不具有相应资质等级的勘察、设计、施工、工程监理单位的，责令改正，处50万元以上100万元以下的罚款。

〔释义〕　本条是关于建设单位将建设工程发包给不具有相应资质等级的勘察、设计、施工单位和工程监理单位的处罚规定。

建筑活动是一种技术密集、专业性强、投资巨大，对社会有重大影响的活动，不是任何单位都可以承担的，必须有相应资质才能承担。建设单位明知勘察、设计、施工、监理单位无资质或者不具有相应资质条件而将建设工程发包给他们，不仅会损害建设单位的利益，而且可能会对国家利益，社会公共利益和公民财产产生危害，甚至危及人民的生命。因此，要对建设单位的发包行为进行规范。依照本条例第七条第一款规定，建设单位应当将工程发包给具有相应资质条件的勘察、设计、施工和监理单位。

这里的责令改正，是建设行政主管部门和其他有关部门发现建设单位违反本条例规定，将建设工程发包给不具有相应资质条件的勘察、设计、施工单位和委托给不具有相应资质条件的工程监理单位时，要以行政命令的方式及时制止其违法行为，并宣布确定的承包单位无效,责令建设单位重新将建设工程发包给具有相应资质条件的勘察、设计、施工、工程监理单位。在责令改正的同时,视情节对建设单位处以 50 万元以上 100 万元以下的罚款。

第五十五条 违反本条例规定,建设单位将建设工程肢解发包的,责令改正,处工程合同价款 0.5% 以上 1% 以下的罚款;对全部或者部分使用有国资金的项目,并可以暂停项目执行或者暂停资金拨付。

[释义] 本条是关于建设单位将建设工程肢解发包处罚的规定。

本条例第七条第二款明确规定:"建设单位不得将建设工程肢解发包。"因为肢解发包是建设单位将本不可再分开承包的单位工程发包给不同单位承包。这样做不利于工程的统一协调,难以保证工程质量和施工现场的安全。因此,一旦建设行政主管部门和其他有关部门发现,就应当及时向建设单位发出通知,应责令其改正,将不应肢解的建设工程重新发包给一个承包单位。在责令改正的同时,视情节处工程合同价款 0.5% 以上 1% 以下的罚款。合同价款是指发包人承包人在协议中约定,发包人用以支付承包人按照合同约定完成承包范围内全部工程并承担质量保修责任的款项。

全部或者部分使用国有资金的项目,这是针对资金来源作出的规定。国有资金,是指国家财政性资金(包括预算内资金和预算外资金),国家机关、国有企事业单位和社会团体的自有资金及借贷资金。其中,国有企业是指国有独资公司及国有控股企业,国有控股企业包括国有资本占企业资本总额 50% 以上的企业以及虽不足 50%,但国有资产投资者实质上拥有控制权的企业。全部或部分使用国有资金投资的项目,是指一切使用国有资金(不论其在总投资中所占比例大小)进行的建设项目。建设行政主管部门和其他有关部门发现全部或者部分使用国有资金项目的工程肢解发包的,除责令改正,处工程合同价款 0.5% 以上

1%以下的罚款外,并可以暂停项目执行或者通知有关部门暂停资金拨付。

第五十六条 违反本条例规定,建设单位有下列行为之一的,责令改正,处 20 万元以上 50 万元以下的罚款:

(一)迫使承包方以低于成本的价格竞标的;

(二)任意压缩合理工期的;

(三)明示或暗示设计单位或者施工单位违反建设工程强制性标准,降低工程质量的;

(四)施工图设计文件未经审查或者审查不合格,擅自施工的;

(五)建设项目必须实行工程监理而未实行工程监理的;

(六)未按国家规定办理工程质量监督手续的;

(七)明示或暗示施工单位使用不合格的建筑材料、建筑构配件和设备的;

(八)未按照国家规定将竣工验收报告、有关认可文件或者准许使用文件报送备案的。

[释义] 本条是关于建设单位不履行或不正当履行其工程管理的有关职责的处罚规定。

建设单位是建设市场的重要责任主体,是工程建设过程和建设效果的负责方,拥有按照法律、法规规定选择勘察、设计、施工、监理单位、确定建设项目的规模、功能、外观、使用材料设备等权力。在工程建设各个环节负责综合管理工作,居于主导地位。建设单位的行为在整个建设工程活动中是否规范,是影响建设工程质量的关键因素。对建设单位的下列不规范行为,本《条例》规定了相应的处罚。

(一)违反条例第十条第一款之规定,迫使承包方以低于其企业个别成本的价格竞标;(二)违反本条例第十条第一款之规定,任意压缩合理工期;(三)违反条例第十条第二款之规定,明示或暗示设计单位或施工单位违反建设工程强制性标准,降低工程质量;(四)违反条例第十一条之规定,施工图设计文件未经审查或者审查不合格即施工；(五) 违反条例第十二条之规定，建设项目必须实行工程监理而未实行工程监理；(六) 违反条例第十三条之规定，未按国家规定办理工程质量监督手续；(七) 违反条例第十四条之规定，要求施工单位使用不合格的建筑材料、建筑构配件设备；(八) 违反条例第四十九条之规定，未按照国家规定将竣工验收报告、有关认可文件或者准许使用文件报送备案等方面。

建设行政主管部门和其他有关部门在建设工程质量监督管理过程中，发现建设单位的有以上违法行为之一的，应责令建设单位停止违法行为，同时，视情节处 20 万元以上 50 万元以下罚款。

第五十七条　违反本条例规定，建设单位未取得施工许可证或者开工报告未经批准，擅自施工的，责令停止施工，限期改正，处工程合同价款 1% 以上 2% 以下的罚款。

[释义]　本条是关于建设单位未取得施工许可证或者开工报告未经批准擅自施工的处罚规定。

依据《建筑法》第七条和本《条例》第十三条规定，建设工程开工前，建设单位必须取得施工许可证才能施工。未领取施工许可证或者开工报告未经批准擅自施工的，会使工程前期准备不足，给建设工程造成事故隐患，也可能使建设工程因资金不落实而中途下马，成为"半拉子工程"更易引起建设纠纷。因此，对这种擅自施工的，建设行政主管部门要责令其停止施工，限期改正，尽快补办有关手续。同时，视情节，处工程合同价款 1% 以上 2% 以下的罚款。

考虑到限额以下的小型工程，一般是单层建筑、金额比较小的工程，影响比较小，同时为了简化程序、方便当事人，规定可以不办理施工许可证。限额以下小型工程不取得施工许可证而施工，《建筑法》未规定给予处罚，但需服从《城市规划法》等法律、法规的规定。由于施工许可证审查内容与开工报告基本一致，按照国家有关规定，办理开工报告的工程可以不再领取施工许可证。当然,应当办理开工报告审批的工程项目,不办理开工报告批准书,也是违法行为,则应当依据本条追究法律责任。

第五十八条 违反本条例规定,建设单位有下列行为之一的,责令改正,处工程合同价款2%以上4%以下的罚款;造成损失的,依法承担赔偿责任:

(一)未组织竣工验收,擅自交付使用的;
(二)验收不合格,擅自交付使用的;
(三)对不合格的建设工程按照合格工程验收的。

[释义] 本条是对建设单位竣工验收中不规范行为的处罚规定。

竣工验收是工程交付使用前的一道关键程序,根据本《条例》第十六条第三款之规定,"建设工程经验收合格的,方可交付使用。"即建设工程完工后,施工单位向建设单位提交竣工验收报告和有关的竣工验收资料,提请建设单位组织竣工验收。建设单位应在规定的时间内组织监理、勘察、设计、施工单位进行竣工验收,如发现工程不符合竣工条件,应责令施工单位进行返修,并再次组织竣工验收,直至通过验收,方可交付使用。如果建设单位未组织竣工验收就使用;或虽进行了验收程序,但工程不符合验收条件,验收为不合格工程就使用;或验收时,把不合格工程按合格工程验收等,必将给使用人带来重大的质量安全隐患。建设行政主管部门和其他有关部门发现建设单位有以上行为时,要责令其改正;没有经过竣工验收的,要责令建设单位补办验收手续;验收不合格就使用的,要责令停止使用,进行返修,重新组织验收;把不合格工程按合格工程验收的,要责令进行返修,重新组织验收。同时,视情节,对建设单位处以工程合同价款2%以上4%以下的罚款;由此给有关单位和个人造成损失的,要依法承担赔偿责任。

第五十九条 违反本条例规定,建设工程竣工验收后,建设单位未向建设行政主管部门或者其他有关部门移交建设项目档案的,责令改正,处1万元以上10万元以下的罚款。

[释义]　本条是建设单位未向有关部门移交建设项目档案的处罚规定。

　　《条例》第十七条，对建设单位向有关部门移交建设项目档案做了明确规定，建设单位应当严格按照《档案法》和《城市建设档案管理规定》等有关法律、法规及规章的规定，及时收集、整理建设项目各环节的文件资料，建立健全建设项目档案，并在建设工程竣工验收后，及时向建设行政主管部门或者其他有关部门移交建设项目档案。因此，建设项目竣工验收后，建设单位未按规定向建设行政主管部门或者其他有关部门移交建设项目档案的，要责令其改正，在规定的时间内，向建设行政主管部门或其他有关部门补交建设档案，并视情节对建设单位处 1 万元以上 10 万元以下的罚款。

　　第六十条　违反本条例规定，勘察、设计、施工、工程监理单位超越本单位资质等级承揽工程的，责令停止违法行为，对勘察、设计单位或者工程监理单位处合同约定的勘察费用、设计费或者监理酬金 1 倍以上 2 倍以下的罚款；对施工单位处工程合同价款 2% 以上 4% 以下的罚款，可以责令停止整顿，降低资质等级；情节严重的，吊销资质证书；有违法所得的，予以没收。

　　未取得资质证书承揽工程的，予以取缔，依照前款规定处以罚款；有违法所得的，予以没收。

　　以欺骗手段取得资质证书承揽工程的，吊销资质证书，依照本条第一款规定处以罚款；有违法所得的，予以没收。

　　[释义]　本条是关于承发包活动中，承包单位超越资质等级、无资质证书，或以欺骗手段取得资质证书的勘察、设计、施工、监理单位承揽工程行为的处罚规定。

　　本条第一款是关于勘察、设计、施工、监理单位超越资质承揽工程行为的处罚规定，依照《建筑法》第二十六条和本《条例》第十八条、第二十五条、第三十四条规定，从事建设工程勘察、设计、施工、监理的单位应当依法取得相应等级的资质证书，并在其资质等级许可范围内承揽工程，禁止超越其资质等级许可的范围承揽工程。因此,勘察、设计、施工、监理单位超越资质等级承揽工程是一种明显的违反建设法规的行为。这种行为的存在,将导致参与工程建设企业资质、技术、人员、设备和施工管理能力达不到工程建设保证质量的基本要求,不仅会损害建设单位的利益,更可能是因质量控制水平低而导致建设工程出现严重质量事故,或达不到建设功能要求,从而危害国家利益、社会公共利益,甚至危及人民的生命。为此必须对超越资质等级承揽工程的勘察、设计、施工、监理单位给予必要的行政处罚。

1. 对勘察单位按工程勘察合同约定的勘察费,视情节处1倍以上2倍以下的罚款;

2. 对设计单位按工程设计合同约定的设计费,视情节处1倍以上2倍以下的罚款;

3. 对监理单位按工程监理合同约定的监理酬金(通常指监理费用),视情节处1倍以上2倍以下的罚款;

4. 对施工单位按工程施工合同价款,视情节处2%以上4%以下的罚款;

5. 视情节可责令以上单位停业整顿,降低资质等级的处罚;情节严重的,可吊销资质证书。勘察、设计、施工、单位有违法所得的,予以没收。

本条第二款是对未取得资质证书承揽工程的勘察、设计、施工、监理单位的处罚规定。未取得资质证书承揽工程勘察、设计、施工、监理任务的,因其本身就不具备行为资格能力,其行为是严重违法行为,无论是否造成危害后果都应当给予取缔,使其不再继续进行违法行为。对于这种违法行为取得的违法收入给予没收,同时,对于这种违法行为,还应按本条第一款罚款。

本条第三款是对以欺骗取得资质证书承揽工程的勘察、设计、施工、监理单位的处罚规定。勘察、设计、施工、监理任务的承包单位虽有资质证书,但其资质证书是以欺骗方法如隐瞒事实、假借资金和技术人员等取得主管部门认可并颁发证书的,同样是一种严重违法行为,无论是否造成损害后果都必须吊销资质证书。因为其本身就不合资质条件，就不能有行为资格。与此同时，对这种明知违法而采取不正当手段的行为，还要按本条第一款给予罚款，并没收违法所得。

　　第六十一条　违反本条例规定，勘察、设计、施工、工程监理单位允许其他单位或者个人以本单位名义承揽工程的，责令改正，没收违法所得，对勘察、设计单位和工程监理单位处合同约定的勘察费、设计费和监理酬金1倍以上2倍以下的罚款；对施工单位处工程合同价款2％以上4％以下的罚款；可以责令停业整顿，降低资质等级。情节严重的，吊销资质证书。

　　[释义]　本条是对勘察、设计、施工、监理等单位允许他人以本单位名义承揽工程行为的处罚措施。

　　根据本条例第十八条、第二十六条、第三十四条规定，禁止勘察、设计、施工、监理单位允许其他单位或者个人以本单位的名义承揽工程。

　　勘察、设计、施工、监理单位转让、出借资质证书或以其他方式允许他人以本单位名义承揽工程业务，将造成建设工程实际需要的资金、人才、设备、技术、管理等保证能力达不到预期的要求，从而工程质量保证体系失控，质量保证能力下降。如果借用名义承包的单位和个人不熟悉建设技术业务的，将导致工程质量失控，甚至产生严重质量事故，危及国家、公众、投资者的利益，因此不仅要对违法行为责令改正，还必须给予必要的行政处罚。

　　1. 由主管部门责令违法单位改正违法行为；

　　2. 有违法所得者，由主管部门没收违法单位的非法所得，上交国库；

　　3. 对违法单位罚款。①对违法的勘察单位按工程勘察合同约定的勘察费，视情节处以1倍以上2倍以下的罚款；②对违法的设计单位按工程设计合同约定的设计费，视情节处以1倍以上2倍以下的罚款；③对违法的监理单位按工程监理合同约定的监理酬金，视情节处以1倍以上2倍以下的罚款；④对违法的施工

单位按工程施工合同约定的合同价款,视情节处工程价款2%以上4%以下的罚款;

4.对违法单位并处其它行政处罚,视情节给予责令企业停业整顿,降低资质等级,情节严重的,给予吊销资质证书。

第六十二条 违反本条例规定,承包单位将承包的工程转包或者违法分包的,责令改正,没收违法所得,对勘察、设计单位处合同约定的勘察费、设计费25%以上50%以下的罚款;对施工单位处工程合同价款0.5%以上1%以下的罚款;可以责令停业整顿,降低资质等级;情节严重的,吊销资质证书。

工程监理单位转让工程监理业务的,责令改正,没收违法所得,处合同约定的监理酬金25%以上50%以下的罚款;可以责令停业整顿,降低资质等级;情节严重的,吊销资质证书。

[释义] 本条是关于对勘察、设计、施工、监理等承包单位转包工程或者非法分包行为的处罚规定。

本条第一款是对勘察、设计、施工单位转包工程或者非法分包行为的处罚规定。本《条例》第十八条、第二十五条规定勘察、设计、施工单位不得转包或者违法分包所承揽的工程。一旦工程转包和非法分包,将造成低资质单位甚至无资质单位从事应由高资质单位承担的建筑活动,导致工程质量保证力下降,易造成重大质量事故和危及建设安全的功能的后果,造成国家利益和投资者利益的损害。因此必须改正其违法行为,并给予必要的行政处罚。

对勘察、设计、施工等承包单位将承包的工程转包的,或者违反本《条例》规定将不可再分的部分工程进行分包的,将工程分包给无资质的分包单位承包的,处罚措施为:①由建设行政主管部门责令改正;②没收其违法所得;③并处罚款。对勘察单位处合同约定勘察费20%以上50%以下的罚款,对设计单位处合同约定设计费20%以上50%以下的罚款;对施工单位处工程合同价款0.5%以上1%以下的罚款。④视情节,可以责令其停业整顿,降低资质证书等级;⑤情节严重的,可吊销资质证书。

本条例第二款是对非法转让监理业务的工程监理单位的处罚规定，同样包括由建设行政主管部门①责令改正；②没收违法所得；③处合同约定监理酬金20%以上50%以下的罚款；④视情节可责令停业整顿，降低资质等级，情节严重的吊销资质证书。

第六十三条　违反本条例规定，有下列行为之一的，责令改正，处10万元以上30万元以下的罚款：

（一）勘察单位未按照工程建设强制性标准进行勘察的；

（二）设计单位未根据勘察成果文件进行工程设计的；

（三）设计单位指定建筑材料、建筑构配件的生产厂、供应商的；

（四）设计单位未按照工程建设强制性标准进行设计的。

有前款所列行为，造成工程质量事故的，责令停业整顿，降低资质等级；情节严重的，吊销资质证书；造成损失的，依法承担赔偿责任。

［释义］本条是对勘察、设计单位未按照国家强制性标准勘察设计、设计单位未根据勘察成果文件进行设计、指定厂商等行为的处罚规定。

工程建设强制性标准是勘察、设计工作的重要的基础性的技术依据，如违反本《条例》第十九条之规定，勘察、设计工作偏离标准就有可能出现严重的质量问题；工程勘察成果文件是设计工作重要的原始资料，如果违反本《条例》第二十一条之规定，不根据勘察成果文件进行设计，会造成严重的质量隐患或浪费；另外，如果设计单位违反本条例第二十二条之规定，指定建筑材料、建筑构配件和设备的供应厂商会限制建设单位或施工单位在材料采购上的自主权，出现质量问题后容易扯皮，也妨碍了厂商间的公平竞争。以上行为性质恶劣，对勘察、设计质量影响较大，本《条例》作了明确的禁止性规定，如有违反，不论是否造成质量事故，不论所承接勘察、设计业务的取费多少，均由有关部门对勘察、设计单位处以10万元以上30万元以下的罚款。

以上违法行为造成质量事故，则在罚款的基础上，还要对责任单位处以停业整顿，降低勘察、设计资质，直至吊销资质的处罚。如果以上违法行为给有关单位和个人造成损失的，还要赔偿损失。

第六十四条　违反本条例规定，施工单位在施工中偷工减料的，使用不合格的建筑材料、建筑构配件和设备的，或者有其他不按照工程设计图纸或施工技术标准施工的其他行为的，责令改正，处工程合同价款2%以上4%以下的罚款；造成建设工程质量不符合质量标准的，负责返工、修理，并赔偿因此造成的损失；情节严重的，责令停业整顿，降低资质等级或吊销资质证书。

[释义]　本条是关于施工单位偷工减料、使用不合格建材或不按规定施工的处罚规定。

（一）施工单位违反本规定，在施工中偷工减料，使用和购买劣质材料、设计和构配件，随意改变设计文件，不按照工程设计图纸或工程技术标准施工，严重危及工程质量，损害了国家和公众的利益。为了确保工程质量和安全、保护国家利益和人民群众的合法权益，《条例》加大了对此类违法行为的处罚力度。这是《建筑法》第七十四条规定的具体体现。

（二）根据《条例》第二十八条、第二十九条的规定，违法的施工单位承担行政法律责任的条件是，违反《条例》第二十八条第一款的规定，在施工中偷工减料的，使用不合格的建筑材料、建筑构配件和设备的，有其他不按照工程设计图纸或者施工技术标准施工的其他行为的。对这些违法行为，建设行政主管部门应当根据违法行为的轻重和造成后果的大小等实际情况，依法作出以下行政处罚：(1)责令改正。(2)处工程合同价款2%以上4%以下的罚款。(3)情节严重的，责令停业整顿，降低资质等级，或者吊销资质证书。

（三）依据本条规定违反法定义务应当承担民事法律责任的条件是：上述违法行为已经发生；因违法行为已造成建设工程质量不符合规定的质量标准，使建设单位蒙受损失。承担民事责任的形式有：(1) 返工。是建筑施工单位因违法行为造成建筑工程质量不符合规定的质量标准，而又无法修理的情况下，重新进行施工。(2) 修理。是建筑施工单位因违法行为造成建筑工程质量不符合规定的质量标准，而又有修复可能的情况下，对工程进行修补使其达到质量标准的要求。返工与修理往往密切联系在一起，因此称之为返修。这是民法上保护财产权的一个重要补救性措施。我国《合同法》第二百八十一条规定："因施工人（施工单位，下同）的原因致使建设工程质量不符合约定的，发包方有权要求施工人在合理的期限内无偿修理或者返工、改建……。"(3) 赔偿损失。本条赔偿损失是指因施工单位上述违法行为，致使工程质量不符合规定标准，对由此造成损失给予补偿的责任方式。我国《合同法》第二百八十二条规定："因承包人的原因致使建设工程在合理的使用期限内造成人身财产损失的，承包人应当承担损害赔偿责任。"工程质量造成的损失包括财产损失和非财产损失。财产损失主要是可用金钱计算的损失，非财产损失主要是身体、健康、生命的损害，也必然会产生一系列财产补偿。

第六十五条 违反本条例规定，施工单位未对建筑材料、建筑构配件、设备和商品混凝土进行检验，或者未对涉及结构安全的试块、试件以及有关材料取样检测的，责令改正，处 10 万元以上 20 万元以下的罚款；情节严重的，责令停业整顿，降低资质等级或者吊销资质证书；造成损失的，依法承担赔偿责任。

〔释义〕 本条是对施工单位在施工过程中，未按规定对材料、构配件、设备和商品混凝土等进行检验或者未对涉及结构安全的试块、试件以及有关材料取样检测的处罚措施的规定。

施工过程中的检验和检测，是防止把不合格材料、构配件用到工程上的重要手段，是保证工程质量的重要环节，在施工过程中，不进行检验、检测，就失去了重要的质量控制手段。在一般部位会造成工程的使用功能缺陷，在结构关键部位，就会留下隐患，严重时会造成倒塌事故，直接危及人民生命财产安全。如果施工单位违反本《条例》第二十九条、第三十一条的规定，应责令改正：即未检验、检测的可以补做，已用到工程上的责令返工、拆换或由法定检测单位进行检测；视情况轻重分别以10万元以上20万元以下的罚款，情节严重的，停业整顿、降低资质等级、吊销营业执照；造成损失的依法赔偿。

第六十六条 违反本条例规定，施工单位不履行保修义务或者拖延履行保修和义务的，责令改正，处5万元以上10万元以下的罚款，并对在保修期内因质量缺陷造成的损失承担赔偿责任。

［释义］ 本条是关于施工单位不履行保修义务或者拖延履行保修义务的处罚规定。

在保修期限内，施工单位应当及时履行保修义务，不履行保修义务或者拖延履行保修义务的，建设行政主管部门和其他有关部门应当给予相应处罚。违反本《条例》第四十一条的规定，应责令改正，主管部门对不履行保修义务的或拖延履行保修义务的施工单位以命令形式迫使其改正不作为行为的行政措施。同时，视情节处以5万元以上10万元以下罚款。

保修期内因质量缺陷造成的损失，施工单位应当承担赔偿责任。在量大面广的住宅工程中工程质量缺陷（通常称为质量通病）比较突出，广大住户对此感受深、意见大。如漏水使室内装饰以及家具等遭受破坏而引起的损失等。对此，施工单位应当依其实际损失给予补偿，可以实物给付，也可以金钱给付。如果质量缺陷是由勘察设计原因、监理原因或者建筑材料构配件和设备等原因造成的，施工单位可以向有关单位追偿。

第六十七条 工程监理单位有下列行为之一的，责令改正，处50万元以上100万元以下的罚款，降低资质等级或者吊销资质证书；有违法所得的，予以没收；造成损失的，承担连带赔偿责任：

（一）与建设单位或者施工单位串通，弄虚作假、降低工程质量的；

（二）将不合格的建设工程、建筑材料、建筑构配件和设备按照合格签字的。

[释义] 本条是对监理单位在监理过程中违法行为的处罚规定。

（一）工程监理单位是受建设单位委托，代表建设单位对工程施工过程进行监督管理。工程监理单位从事工程监理活动，应当遵循守法、诚信、公正、科学的准则。监理过程中不能与建设单位串通，损害被监理的施工企业的利益；也不能也施工单位串通，弄虚作假，降低工程质量，损害建设单位的利益。工程监理单位必须实事求是，遵循客观规律，按工程建设的科学要求进行监理活动，客观、公正地对待各方当事人，没有偏私，认真地进行监督管理，这是对工程监理单位执行监理任务的基本要求。

（二）工程监理单位违反《建筑法》第三十五条以及本《条例》第三十七条的规定，违法的监理单位承担行政法律责任的条件是：(1)与建设单位或者施工单位串通，弄虚作假、降低工程质量的；(2)将不合格的建设工程、建筑材料、建筑构配件和设备按照合格签字的。

工程监理单位不能公正执行监理任务，与建设单位恶意串通，弄虚作假，通常是损害国家利益或公众利益以及施工单位的利益；如果与施工单位串通弄虚作假、降低工程质量通常是损害建设单位利益。这两种情况有时可能同时并存，有时是单独存在。

将不合格的建设工程、建筑材料、建筑构配件和设备按照合格签字，其要害也是监理单位失去了公正性，并且给工程质量造成损害或造成隐患。发现这些违法行为，建设行政主管部门和其他有关部门应当依法作出以下行政处罚：(1)责令其改正。(2)视情节，处50万元以上100万元以下的罚款。(3)降低资质等级或者吊销资质证书。被吊销资质证书后，工商行政主管部门应当吊销其营业执照。监理单位因上述违法所为获取收入的，为违法所得，应当由建设行政主管部门予以没收。没收违法所得是从根本上解决违法行为的利益驱动力，使其无法获取任何利润，以达到减少违法行为的目的。

（三）监理单位有上述违法行为，造成建设单位、施工单位或其他有关方面经济损失的，上述各单位可以向监理单位及有关责任方要求民事赔偿。这里民事赔偿主要方式是财产赔偿，一般以直接损失为限。要求赔偿时，可以向监理单位提出，也可以向其他责任方提出。监理单位履行了赔偿义务后，可根据约定向建设单位或施工单位追偿。

第六十八条　违反本条例规定，工程监理单位责令改正，处5万元以上10万元以下的罚款，降低资质等级或者吊销资质证书；有违法所得的，予以没收。

［释义］　本条是关于监理单位与被监理单位有隶属关系或其他利害关系的处罚规定。

工程监理单位受建设单位委托，代表其对工程施工进行监督管理。为保证监理的客观、公正性。工程监理单位不应与被监理的施工单位以及建筑材料、建筑构配件和设备供应单位有隶属关系或者其他利害关系。如违反《条例》第三十五条的规定，发现有此类关系，建设行政主管部门应责令其改正，即与被监理工程的施工承包单位以及建筑材料、建筑构配件和设备供应单位有隶属关系或者其他利害关系承担该项建设工程的监理业务的，与之脱离关系，或放弃该项工程的监理工作；同时，视情节，处5万元以上10万元以下的罚款，降资质等级或者吊销资质证书；有违法所得的，予以没收。

第六十九条　违反本条例规定，涉及建筑主体或者承重结构变动的装修工程，没有设计方案擅自施工的，责令改正，处50万元以上100万元以下的罚款；房屋建筑使用者在装修过程中擅自变动房屋建筑主体和承重结构的，责令改正，处5万元以上10万元以下的罚款。

有前款所列行为造成损失的依法承担赔偿责任。

［释义］　本条是关于涉及建筑主体或者承重结构变动的装修工程擅自施工行为的处罚规定。

本条例第十五条规定"涉及建筑主体和承重结构变动的装修工程，建设单位应当在施工前委托原设计单位或者具有相应资质等级的设计单位，提出设计方案；没有设计方案的，不得施工。"如果违反该条规定，涉及建筑主体结构和承重结构变动的装修工程，包括修建、装饰工程，未采取必要的技术措施，擅自变动（破坏或拆除），改变原有工程结构受力体系，就可能引发使用安全问题，甚至造成屋塌人亡的重大安全事故，给国家和投资者利益及人民生命财产带来严重威胁。因此，建设工程的产权所有人，包括住宅工程等房屋建设单位擅自施工的，房屋建筑所有者任意变动主体结构和承重结构的，《条例》规定了相应的行政责任和民事责任。

本条罚款的标准是对决定擅自施工的建设单位视情节处 50 万元以上 100 万元以下的罚款；对在装修过程变动房屋建筑主体和承重结构的房屋建筑使用者处 5 万元以上 10 万元以下的罚款。

同时，本条第二款还规定了，凡因无设计方案擅自施工装修工程的建设单位和房屋所有者，必须对因违法装修引发的严重后果承担赔偿损失。所谓赔偿损失是指建设单位或房屋所有者擅自施工给他人财产造成损失的，由建设单位或房屋所有者赔偿受害人所受损害的一种承担侵权责任形式。这里赔偿主要是以受害人的受害程度、损失大小所决定的，通常是补偿受害人的实际损失。

第七十条 发生重大工程质量事故隐瞒不报、谎报或者拖延报告期限的，对直接负责的主管人员和其他责任人员依法给予行政处分。

[释义] 本条是对工作质量事故发生单位隐瞒不报质量事故、谎报或者拖延报告期限行为的处分规定。

《条例》第五十二条规定：建设工程发生质量事故，有关单位应当在 24 小时内向当地建设行政主管部门报告；对重大质量事故，事故发生地的建设行政主管部门和其他有关部门应当按照事故类别和等级向当地人民政府和上级建设行政主管部门及其他有关部门报告。发生重大工程质量事故后，有关责任单位和政府部门必须及时、正确、完整地逐级向上报告，才能采取紧急措施，减少人员伤亡和事故损失，以及及时对事故进行总结，加强管理，挽回经济和社会的负面影响。百年大计，质量第一，任何单位隐瞒不报、谎报或拖延报告期限，会造成严重的后果，都会给国家和人民的生命财产带来更严重的损失及恶劣影响。所以必须对有本条款违反行为者，给予必须的行政处理。

这里要说明的是，处分的对象应该包括事故发生单位直接负责工程质量的主管人员或者其它责任人员；也包括各级建设主管部门失职的主管人员和责任人员。行政处分的形式有通报、批评、警告、降级、记大过直到开除公职等。

第七十一条　违反本条例规定，供水、供电、供气、公安消防等部门或者单位明示或暗示建设单位或者施工单位购买其指定的生产供应单位的建筑材料、建筑构配件和设备的，责令改正。

[释义]　本条是对供水、供电、供气、公安消防等有关专业部门或单位利用职权指定购买建筑材料，建筑构配件和设备生产供应单位行为的处分规定。

在建筑材料、建筑构配件和设备的采购中，凡供水、供电、供气、公安消防等部门利用职务上的便利，采用明示或暗示的办法，强制建设单位、施工单位购买其指定的产品和设备，扰乱了建筑市场秩序，损害了建设、施工单位的合法权益，不仅产生大量的腐败现象，也严重干扰了建设工程质量保证体系中对建筑材料质量的控制，对工程质量带来严重隐患。因此本条明确规定，违反《条例》第五十一条之规定，有上述行为的，责令改正。政府所属部门违反规定，指定购买建材、产品、设备厂家的情况是滥用职权的表现。滥用职权的应由上级机关责令改正，纠正其违法行为。

第七十二条　违反本条例规定，注册建筑师、注册结构工程师、监理工程师等注册执业人员过错造成质量事故的，责令停止执业一年；造成重大质量事故的，吊销执业资格证书，五年以内不予注册，情节特别恶劣的，终身不予注册。

　　[释义]　本条是对注册建筑师、注册结构师、监理工程师等注册人员因过错并造成后果行为的处罚规定。

　　随着建筑业管理体制改革的深化，我国正在逐步实行建筑从业单位资质管理和建筑执业人员注册资格管理，以全面提高建筑从业队伍和人员的素质。目前，实行执业人员注册管理的有建筑师、结构工程师、监理工程师等。按国家人事部和建设行政主管部门规定，对执业人员的资格管理工作，还将进一步扩大范围和加大管理力度。

　　本条对工程执业人员，实行行政处罚包括两个方面：

　　1. 本条处罚的对象是参与建设工程行为，并因过错造成质量事故后果，特别是造成重大质量事故的注册建筑师、注册结构工程师、监理工程师等。

　　2. 本条的处罚是由地方建设行政主管部门提出行政处罚意见，报告并由执业执照的颁发部门，视情节或后果轻重，对其执业资格进行处罚；若造成质量事故的，责令停止执业一年，造成重大质量事故的，吊销执业资格证书，五年以内不予注册，情节特别恶劣的，终身不予注册。

　　凡注册执业人员一经吊销执业资格证书，就不得再从事该项建筑业务活动，因此，是一项很严重的处罚。

　　第七十三条　依照本条例规定，给予单位罚款处罚的，对单位直接负责的主管人员和其他直接责任人员处单位罚款数额百分之五以上百分之十以下的罚款。

　　[释义]　本条是对建设参与各方中受到罚款的单位的主管人员和其他直接责任人员的处罚规定。

　　为了确保建设工程的质量保证体系能够有效实施，必须强化建设工程质量责任制，明确单位主管人员和其他直接责任人员的质量责任，并对其质量行为的后果进行奖惩。如果对违反建设法规的，只处罚单位，不处罚主管人员和直接责任人员，责任不明确，不利于违法行为的纠正和教育责任者（特别是国有企业和吃大锅饭严重的单位)。所以,本条明确规定凡因违反建设法律法规,单位受到罚款处罚的,其单位直接负责的主管人员和其它直接责任人员,必须同时处罚。这里的单位直接负责的主管人员是指在单位违法行为中负有领导责任的人员,包括违法行为的决策人,事后对单位违法行为予以认可和支持和领导人员,以及由于疏于管理或放任、对单位违法行为负有不可推卸责任的领导人员。其他直接责任人员是指直接实施单位违法行为,具体完成单位违法行为计划的人员。罚款的标准是,视情节处单位罚款数额的百分之五以上百分之十以下的罚款。通过本条进一步明确了管理人员不得漠视质量观念,不得违反工序、规范、指挥作业,承担好确保质量第一的义务,使工程质量得到可靠保证。

第七十四条 建设单位、设计单位、施工单位、工程监理单位违反国家规定,降低工程质量标准,造成重大安全事故,构成犯罪的,对直接责任人员依法追究刑事责任。

[释义] 本条是关于建设单位、设计单位、施工单位、监理单位降低建设工程质量、安全标准,造成重大安全事故行为的处罚规定。

建设工程质量关系到国家和社会的公共利益,关系到广大人民群众的切身利益。提高建设工程的质量是促进国民经济发展的一个重要因素,也是建筑业进一步发展的关键。目前,在建设工程中存在的质量问题仍然比较严重。有相当一部分工程质量达不到国家规定的合格标准,影响使用功能、有的工程存在质量问题、结构隐患,倒塌事故也屡有发生,许多装饰装修工程质量低劣等。质量问题原因是多方面的,它既与建筑市场上勘察设计单位、施工企业和监理单位的行为有直接关系,也与建设单位的关系极为密切。为了维护国家和人民利益,规范包括业主在内的建筑市场各方的行为,本条例第三规定建设单位、勘察单位、设计单位、施工单位、监理单位应当依法对建设工程质量负责,不得违反国家有关建设工程质量强制性标准,降低工程质量。但是由于质量意识的淡薄,客观上建筑市场不断发生建设单位任意压低造价，压短工期，强行要求设计、施工、监理单位违反规定降低质量标准，及设计单位、施工单位、监理单位违反市场规定，违反强制性标准，违反基本建设规律，粗制滥造，造成严重后果，导致一些重大质量和安全事故，给国家带来巨大财产和信誉损失。

根据我国《刑法》规定，建设工程参与各方违反建设法规，建设单位要求设计、施工单位违反质量标准；设计单位不合标准，任意设计的；施工单位违反施工规范，劣质施工的；监理单位玩忽职守，不负责任，降低工程质量标准，导致重大安全事故的，必须对其直接责任人员追究刑事责任，构成犯罪的，依照刑法第一百三十七条对直接责任人员，处五年以下有期徒刑或拘役，并处罚金；后果特别严重的，处五年以上十年以下有期徒刑，并处罚金。

第七十五条　本条例规定的责令停业整顿、降低资质等级和吊销资质证书的行政处罚，由颁发资质证书的机关决定；其他行政处罚，由建设行政主管部门或者其他有关部门依照法定职权决定。

依照本条例规定被吊销资质证书的，由工商行政管理部门吊销其营业执照。

［释义］　本条是关于行政处罚权限的规定。

执行建设法律行政处罚的主体是县级以上人民政府的建设行政主管部门和其他有关部门。但是在权限上有明确的分工。行政处罚必须按各级建设行政主管部门和其他有关部门的分工分级实施。如责令停业整顿、降低资质等级和吊销资质证书必须是资质发证机关实施。根据建设部颁发的《建筑企业资质管理规定》、《建设工程勘察和设计单位资格管理规定》、《工程总承包企业资质管理暂行规定》、《工程建设监理单位资质管理试行办法》等规定，勘察设计、施工、监理、工程总承包企业的资质证书审批与颁布实行"统一管理、分级审批"的原则，即建设部负责统一制定企业资质管理办法和资质审查标准，并负责审批资质一级（甲级）施工企业、监理单位以及工程总承包企业，省、自治区、直辖市建设行政主管部门负责二级以下的施工、监理单位以及工程总承包企业的资质审批工作，并报建设部备案。甲乙级勘察设计单位的资质证书由建设部审批颁发，丙丁级勘察设计的资质证书由所在地的省、自治区、直辖市、计划单列市建设行政主管部门颁发。资质审批机关在审批后应当给符合条件的企业或单位，颁发资质等级证书。依本条规定，工程勘察设计单位、施工企业、监理单位以及工程总承包单位的资质等级的降低和证书吊销，由颁发资质证书的机关决定；责令停业整顿则同样由行政主管部门依职权进行。其它各条行政处罚如责令改正、警告、罚款等由建设行政主管部门或其他有关主管部门分别实施。

本条第二款是说明当建设主管部门吊销有违法行为勘察、设计、施工、监理单位的资质证书时，其营业执照则由工商行政管理部门吊销。

第七十六条　国家机关工作人员在建设工程质量监督管理工作中玩忽职守、滥用职权、徇私舞弊、构成犯罪的，依法追究刑事责任；尚不构成犯罪的，依法给予行政处分。

［释义］　本条是关于国家机关工作人员玩忽职守，滥用职权、徇私舞弊的处罚规定。

本条有以下5个主要内容。

1. 国家工作人员的概念。《刑法》第九十三条规定："本法所称国家工作人员，是指国家机关中从事业务的人员。""国有公司、企业、事业单位、人民团体中从事公务的人员和国家机关、国有公司、企业、事业单位委派到非国有公司、企业、事业单位、社会团体从事公务的人员，以及依照法律从事公务的人员，以国家工作人员论。"本条的重点应该是指"国家机关中从事业务的人员。"

2. 国家机关工作人员的违法行为重点是指玩忽职守，滥用职权，徇私舞弊。

3. 国家机关工作人员玩忽职守，滥用职权致使公共财产、国家和人民利益遭受重大损失的，根据《刑法》规定，处三年以下有期徒刑或者拘役；情节特别严重的，处三年以上七年以下有期徒刑。国家机关工作人员徇私舞弊，犯本款罪的，处五年以下有期徒刑或者拘役；情节特别严重的，处五年以上十年以下有期徒刑。本法另有规定的，依照规定。"

4. 国家机关工作人员玩忽职守，滥用职权，徇私舞弊，造成后果，但尚不构成犯罪的，依法由其所在单位依法给予行政处分。根据《行政监察法》和《国家公务员暂行条例》的规定，对于国家公务员的行政处分的形式包括警告、记过、记大过、降级、撤职、开除等。根据《国有企业厂长（经理）奖惩办法》的规定，对于国有企业的厂长（经理）的行政处分包括降职、撤职、辞退或解聘。

第七十七条 建设、勘察、设计、施工、工程监理单位的工作人员因调动工作、退休等原因离开该单位后，被发现在该单位工作期间违反国家有关建设工程质量管理规定，造成重大工作质量事故的，仍应当依法追究法律责任。

［释义］ 本条是对建设工程参与各方人员违反法律，造成严重后果者的法律处罚行为进行追溯处罚的规定，也是国务院以行政法规的方式对工程质量终身责任制的表述。

本条是对建设单位、勘察单位、设计单位、施工单位、监理单位的工作人员因调动工作、退休等原因离开该单位后，被发现在该单位工作期间，在工程建设过程中违反国家有关建设工程质量管理规定，造成重大质量事故的给予追溯处罚，该罚款的罚款，该吊销执业资格证书和不予注册的就吊销执业资格和不予注册，该诉之以法的诉之以法。凡被取消执业资格的人员一律不得再行从事设计、监理工作。

第九章 附 则

第七十八条 本条例所称肢解发包，是指建设单位将应当由一个承包单位完成的建设工程分解成若干部分发包给不同的承包单位的行为。

本条例所称违法分包，是指下列行为：

（一）总承包单位将建设工程分包给不具备相应资质条件的单位的；

（二）建设工程总承包合同中未有约定，又未经建设单位认可，承包单位将其承包的部分建设工程交由其他单位完成的；

（三）施工总承包单位将建设工程主体结构的施工分包给其他单位；

（四）分包单位将其承包的建设工程再分包的。

本条例所称转包，是指承包单位承包建设工程后，不履行合同约定的责任和义务，将其承包的全部建设工程转给他人或者将其承包的全部工程肢解以后以分包的名义分别转给他人承包的行为。

［释义］ 本条是关于肢解发包、违法分包和转包定义的规定。

根据本条定义，肢解发包是指建设单位将应当由一个承包单位完成的建设工程分解成若干部分发包给不同的承包单位的行为。这一规定的目的在于限制建设单位发包工程的最小单位。按照国际惯例，建设单位在组织实施建设工程时，一般要确定一个总包单位来协调各分包的关系，或确定一个项目管理公司来协调各承包单位的关系，很少有建设单位把工程的设计分别委托给几个单位，或把工程的施工分别发包给几个单位实施的。

根据本条定义，违法分包是指下列行为：

（一）总承包单位将建设工程分包给不具备相应资质条件的单位的。这里包括不具备资质条件和超越自身资质等级承揽业务两类情况。

（二）建设工程总承包合同中未有约定，又未经建设单位认可，承包单位将其承包的部分建设工程交由其他单位完成的。这里，合同约定是指双方在承包合同中约定的分包单位，包括建设单位指定的分包单位；如果在合同中没有约定，而工作过程中由于情况变化还需要进行分包的，要经建设单位认可，否则，这种分包是违法的。

（三）施工总承包单位将建设工程主体结构的施工分包给其他单位的。即施工总承包单位必须自行完成工程的主体结构施工，即使经发包单位同意，也不能将主体工程的施工分包给他人。主体结构关系到建筑物的整体安全，法律规定必须要由总承包单位亲自完成。这里的亲自完成，是指施工单位亲自组织、安排主体结构的施工生产活动，仍可将劳务操作、混凝土供应、模板的制作安装等专业项目分包出去。

（四）分包单位将其承包的建设工程再分包的。即对建设工程项目只能实行一次分包。分包层次过多，一方面增加了管理环节，减弱了总包单位的控制力，另一方面增加了管理成本，不利于保证工程质量。

根据本条定义，转包是指承包单位承包建设工程后，不履行合同约定的责任和义务，将其承包的全部建设工程转给他人或者将其承包的全部工程肢解以后以分包的名义分别转给他人承包的行为。转包与分包的根本区别在于，转包行为中，原承包单位将其工作全部倒手转给他人，自己并不履行合同约定的责任和义务，而在分包行为中，承包单位只是将承包工程的某一部分或几部分在分包给其他承包单位，原承包仍要就承包合同约定的全部义务的履行向发包方负责。

第七十九条　本条例规定的罚款和没收的违法所得，必须全部上缴国库。

［释义］　本条是关于罚没收入必须上缴国库的规定。

目前，国家实行罚没收入与执法机关行政经费"收支两条线"政策。根据《行政处罚法》第53条第二款的有关规定，罚没收入必须全部上交财政，执法机关所需经费由财政部门另行拨给，任何机关和个人不得截留、坐支、私分罚没收入。同时，根据《行政处罚法》第46条的规定，"作出罚款决定的行政机关应当与收缴罚款的机构分离"。罚款收缴机关一般是指定的银行。

接受处罚的当事人应当自收到行政处罚决定书之日起 15 日内，到指定的银行缴纳罚款。银行应当收受罚款，并将罚款直接上缴国库。

第八十条 抢险救灾及其其他临时性建筑和农民自建低层住宅的建设活动，不适用本条例。

［释义］ 本条是适用范围的排除条款，是本条例适用范围的补充规定。

本条与总则的第二条是紧密相连的，共同构成了本《条例》的调整范围。依照本条规定，有三类工程建设活动可以不执行本条例。第一类是抢险救灾工程。抢险救灾工程包括为避免水险、火险、地震、台风等灾害，紧急建造起来的临时性工程；第二类是非抢险救灾用的其他临时性建筑。第三类是农民自建两层以下住宅。依据《村庄和集镇规划建设管理条例》，农民两层（含两层）以上住宅必须由取得相应资格证书的单位进行设计或选用通用设计、标准设计；其施工必须由取得相应资格证书的单位承担。

第八十一条 军事建设工程的管理，按照中央军事委员会的有关规定执行。

［释义］ 本条是对于军事工程适用质量管理办法的排除条款，也与《条例》的选用范围紧密相关。

军事建设工程是指直接与国防作战相关的军事设施建设工程，不包括军队的房屋建筑工程。依据《中华人民共和国军事设施保护法》的界定，军事设施是国家直接用于军事目的的下列建筑、场地和设备：1. 指挥机关、地面和地下指挥工程、作战工作；2. 军用机场、港口、码头；3. 营区、训练场、试验场；4. 军用洞库、仓库；5. 军事通信、侦察、导航、观测台站和测量、导航、助航标志；6. 军用公路、铁路专用线、军用通信、输电线路、军用输油、输水管道；7. 国务院和中央军事委员会规定的其他军事设施。由于军事工程具有保密性、专用性、危险性、区域性等特点，与一般工业与民用房屋建筑、专业工程性质很不相同，这类工程，执行中央军事委员会的有关工程质量管理规定。

第八十二条　本条例自发布之日起施行。

[释义]　本条是关于《条例》生效日期的规定。

法规的时间效力，是法规的重要要素之一。我国法规的生效。时间有五种格式。一是，自法规公布之日起生效；二是，法规公布后经过一定时间开始生效；三是，法律公布后先经过试行，然后由立法机关修改补充，再做为正式法规公布实施；四是，比照其他法规以确定本法规的生效时间。五是，自法规文件到达之日起生效。具体法规的施行日期根据具体情况和要求从上述五种方式中选择一种方式。本《条例》自发布之日起施行，即从 2000 年 1 月 30 日国务院总理以第 279 号国务院令签发起生效。

《条例》发布生效后，必须尽快做好两个方面的工作，一是对现行的有关建设工程质量的法规、规章和其他文件的清理，凡是与《条例》规定不一致的，应以《条例》的规定为准进行修订；另一项工作是为《条例》规定的各项制度制定具体的实施细则和配套文件，如《条例》中规定的建设工程竣工验收备案制度等，需国务院建设行政主管部门会同有关部门制定具体的办法。

相关法律法规文件目录

中华人民共和国国务院令
《建设工程质量管理条例》第279号
《房屋建筑工程和市政基础设施工程竣工验收备案管理暂行办法》部令第78号
《房屋建筑工程质量保修办法》部令第80号
《民用建筑节能管理规定》部令第76号
《实施工程建设强制性标准监督规定》部令第81号
关于印发《房屋建筑工程和市政基础设施工程竣工验收暂行规定》的通知 建建[2000]142号
关于印发《建筑工程施工图设计文件审查暂行办法》的通知 建设[2000]41号
关于印发《房屋建筑工程和市政基础设施工程实行见证取样和送检的规定》的通知 建建[2000]211号
关于印发《河北省建设工程竣工验收及备案管理暂行办法》的通知 冀建法规[2000]5号
关于印发《河北省建设工程竣工验收及备案管理暂行办法》有关问题说明的通知
关于在全省范围内实行建设工程质量监督报告制度的通知 冀建建[2000]279
关于印发《河北省建筑工程施工图设计文件审查暂行办法》的通知 冀建法规[2000]6号
关于印发《河北省建设工程质量监督注册暂行办法》的通知 冀建[2000]20号

参 考 资 料

1 北京市工程竣工验收备案管理文件汇编. 北京：北京市建设工程监督协会，2001
2 上海市建设工程竣工备案文件汇编（一）、（二）. 上海：上海市建设工程质量安全监督总站、上海市工程建设监督研究会，2001
3 建筑工程施工质量验收统一标准（GB 50300—2001）. 北京：中国建筑工业出版社，2001
4 《岩土勘察规范》（GB 50021—94）. 北京：中国建筑工业出版社，1994
5 市政基础设施工程竣工验收备案实施指导意见. 北京：中国市政协会，2002
6 民用建筑工程室内环境污染控制规范（GB 50325—2001）. 北京：中国计划出版社，2002